教你轻松做好每一口喂给宝

宝宝辅食添加
与营养配餐

新浪母婴研究院 编著

四川科学技术出版社

张思莱教授推荐

2020年"新浪育儿"成立20年。从一开始的论坛时代、博客时代到微博，再到直播的盛行，我一直在新浪这个平台上做育儿知识普及工作，践行着我热爱的育儿公益事业。

每天上"新浪育儿"首页的专家问答板块为网友们解答疑问；帮频道的漫画育儿栏目《宝贝帮帮帮》审阅手绘文案；把好的稿件文章推荐给他们，请他们曝光错误的育儿知识；每次回北京有空就去看看他们……这些都成为我的一种习惯。很多人问我："张教授，你跟'新浪育儿'的关系怎么这么好？"我常常说："因为我们彼此陪伴了很长时间呀！"近20年的岁月，一路走来，我见证了"新浪育儿"作为一个有影响力的公众媒体，坚持"养育之道，勿忘初心"的理念，为科普育儿知识所做的努力。

互联网快速变革普及，传播方式发生了翻天覆地的变化，直播风靡，大量自媒体涌现，大家了解相关知识的渠道越来越多，信息的获取越来越便捷，这似乎是一件好事儿，但由于每个人都可以在网络上发声，这也导致了很多错误的育儿知识流传。"新浪育儿"出版的这本书，延续了其王牌栏目《宝贝帮帮帮》的风格，分享权威育儿观念，帮助新手爸妈轻松成为超级爸妈。本书以专业和实践，帮助更多的爸爸妈妈解决宝宝的吃饭问题，还配有相应的食谱图片和步骤，相信一定能给初为人父人母的您带去切实的帮助和指导！

食育，从添加辅食开始！

　　自从宝宝出生以来，就开启了自己的"吃喝玩乐"生活模式，显而易见，"吃好喝好"是宝宝的生活重中之重。相比成人随心所欲的吃吃喝喝，宝宝的饮食最具科学性，也最有章可循。就像查日历一样，就像看时钟一样，初为人母的妈妈们可以照搬着进行，宝宝的成长就不会出大问题。

　　但生活总会出现一点小意外，有时是妈妈的疑惑，比如"吃好喝好"这句话，那么，这就意味着新生的宝宝需要给他喂水吗？母乳百般好，但需要一直喂下去吗？有时是宝宝太令人难以捉摸，妈妈心意满满地为宝宝做好了饭，然而它们却不是宝宝喜欢的那道菜，或者你追着宝宝喂饭，好不容易追上了，也喂进去了，然而宝宝会非常坚决地把它吐出来。

　　在这本书里，首先介绍了一些宝宝饮食的科学之法，然后介绍了一些常见饮食问题的解决之道，当妈妈们不再为宝宝的饮食问题疑惑或头痛后，就可以安安心心地为宝宝做一些内在营养平衡，外在形色味俱佳的宝宝专属饭菜了。接下来，在本书所推荐的几百道宝宝食谱中，每一天，妈妈都可以为宝宝游刃有余地选择出自己看中的饭菜了。

　　当妈妈看到这些饭菜翻跳在锅里，摆放在餐桌上，接近宝宝的嘴巴，最后无声地落入宝宝的肚中，整个流程下来，想必是一种极大的满足。

　　宝宝的成长是不可逆的，愿妈妈为宝宝准备的每一口饭菜，都是让宝宝健康地成长为一棵香飘满天大树的智慧美食。

目录
Contents

第1部分
做好准备，迎接宝宝的辅食时代

第2部分
宝宝开始吃辅食了

3

第3部分
从辅食到家庭膳食的转变

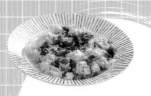

2～3岁：养成饮食好习惯，像大人那样吃饭 // 160

第1部分

做好准备，迎接
宝宝的辅食时代

PART ONE

辅食添加的方方面面

❤ 宝宝几个月时开始添加辅食

辅食添加自然很重要，把握辅食添加的时机更重要，之所以这样说，是因为给宝宝添加辅食的时间不宜过早，也不宜过晚。这一点很容易理解，对于成长中的宝宝来说，任何阶段都是关键期，过早或过晚添加辅食对宝宝会产生很大的影响。想一想这句话，"不让孩子输在起跑线上"，妈妈就应该重视开始添加辅食的时机问题了。

那么，宝宝几个月大的时候开始添加辅食比较合适呢？对于这个问题，几年前的看法和现在主流的看法不尽相同。那专家们都是怎样认识这个问题的呢？以前，最常见的说法是在宝宝4～6个月开始添加辅食，现在世界卫生组织及中国营养学会在《中国居民膳食指南（2016）》中都明确提出了建议，满6月龄（出生180天）的宝宝，在继续母乳喂养的同时，开始添加辅食。

当然，具体到每个宝宝，开始添加辅食的时间应根据宝宝的健康及生长的情况来决定。之所以提出满6月龄后才开始给宝宝添加辅食，是因为这时宝宝的胃肠道消化器官已经相对发育完善，其消化酶开始分泌或活性增加；其感知能力和认知行为能力的发展，也需要通过接触、感受和尝试，逐步体验和适应多样化的食物，从被动接受喂养转变为主动进食，以满足宝宝的营养需要和心理需要。在此强调：辅食添加并非越早越好，但也不能过晚。

6月龄前的宝宝消化功能尚不完善，过早添加辅食易引发过敏、腹泻等问题。辅食添加

过早会使宝宝对母乳的吸收量相对减少，而母乳的营养是最好的，这种替代的结果得不偿失。母乳供给充足的宝宝过早添加辅食会造成早期的肥胖。

辅食添加过晚的风险在于不能及时补充足够的营养。母乳中铁含量很少，如超过 6 月龄不添加辅食，宝宝就可能患缺铁性贫血。一般认为，添加辅食最晚不能超过 8 月龄。此外，半岁左右的宝宝进入了味觉敏感期，适时添加辅食可让宝宝接触多种质地或味道的食物，对长大后避免偏食和挑食有帮助。很多 6 个月大的宝宝已开始萌出乳牙，进入味觉发育和培养咀嚼能力的关键期，因此，满 6 月龄后开始添加辅食效果最好。

❤ 宝宝需要添加辅食的真正信号

每个宝宝发育是有差异的，因此开始添加辅食的时间也会有所差异。怎么才能知道宝宝已经具备了添加辅食的时机了？从以下信号看具体添加辅食的时机：

● 唾液分泌量显著增加；

● 大人吃东西时，宝宝在一旁会很专注地盯着大人，会伸手去抢大人的筷子或吃的东西，还会馋得直流口水；

● 当把食物送到宝宝嘴里时，宝宝能够吞咽下去；

● 频繁地出现咬奶头、咬奶嘴的现象；

● 喂奶形成规律，喂奶间隔大约 4 小时，每日喂奶少于 5 次，每次奶量增加；

● 体重是出生时的 2 倍，低体重儿达到 6 千克，给足奶量体重仍不增加；

● 母乳喂养每天 8 ～ 10 次、人工喂养的孩子每日奶量超过 1 000 毫升仍显饥饿；

● 给予少许帮助，宝宝可以坐起来，能够保持头部的稳定；

● 伸舌反射消失（但须与宝宝的恐新反射鉴别）。

具备了以上大部分条件宝宝就可以添加辅食了，但是最早不能早于 4 月龄，最晚不能晚于 8 月龄。

6 月龄
稀滑的糊

7~8 月龄
稠糊、泥蓉
状食物

9~10 月龄
颗粒状
食物

❤ 宝宝辅食添加的原则

由少到多，循序渐进　如第一次添加辅食 1 ~ 2 勺（每勺 3 ~ 5 毫升），每日添加 1 次即可，宝宝消化吸收得好再逐渐加到 2 ~ 3 勺。

一种到多种，尽早食品多样化　刚开始只尝试一种与月龄相配的食材，尝试几天后（一般 2 ~ 3 天）没有呕吐、腹泻、皮疹等情况，再试着添加另一种食材。已经吃过且无不良反应的食物就可以混合在一起喂养，如菜泥 + 米糊。

由细到粗　出生 26 ~ 45 周宝宝对不同质地的食品接受度较高。所以开始添加辅食时食物要呈泥糊状、软滑、易咽；而后随着宝宝不断成长，辅食的质地也要慢慢变得粗大，呈小颗粒状。待宝宝要出牙时或正在长牙时颗粒就要更加粗大一些，其食物为软固体状，以便促进宝宝牙齿顺利生长，锻炼宝宝咀嚼能力。

由稀到稠　辅食的添加应由流质到半流质，然后再到半固体和固体。

少盐不甜　1 岁以内宝宝的辅食不能添加盐和糖，尽量让孩子品尝食物的原味。

忌油腻　可以在辅食中添加少许植物油，每天 0 ~ 10 克，以富含 α - 亚麻酸植物油为主，如核桃油、亚麻籽油为好。

天气炎热、生病、消化不良时延缓添加　这样宝宝逐渐接受不同口味、不同质地、不同种类的食物，可以促进宝宝味觉、嗅觉、触觉的发育，学会并提高吞咽和咀嚼能力，有利于宝宝心理和语言的发育。

11~12 月龄 碎块状食物　▶　13~24 月龄 体验家常菜　▶　25~36 月龄 像大人一样吃饭

❤ 用小勺还是用奶瓶喂辅食

妈妈要使用小勺而不是奶瓶喂辅食，这样做最重要的好处就是锻炼宝宝的咀嚼能力和吞咽能力，为以后能更好地过渡到吃固体的食物做准备。可选择大小合适、质地较软的勺子，开始时只在勺子的前面装少许食物，轻轻地平伸，放到宝宝的舌尖上。妈妈也可以选择可感温的勺子，能让妈妈监控勺中食物温度，当温度超过40℃时，勺子就会变色，这种勺子可以防止粗心的妈妈将宝宝烫伤。妈妈也可以给宝宝一个小勺，让宝宝学习使用勺子自己吃。

如果使用奶瓶吃米糊等泥糊状食品，宝宝是通过吸吮的方式进食，就失去了学习吞咽和锻炼咀嚼能力的机会了，而这个阶段正是宝宝学习吞咽和咀嚼能力发展的关键期。

如何做个巧手妈妈

制作工具必备单品

小汤锅

烫熟食物或煮汤用，也可用普通汤锅，但小汤锅省时节能。汤
锅要带盖的比较好。

蒸锅

蒸熟或蒸软食物用，是制作辅食常用的烹饪工具。常用的蒸锅就可以了，也可以使用小
号蒸锅，省时节能。

菜板

菜板要常洗、常消毒。最简单的消毒方法是用浸入开水中煮沸，
也可以选择在日光下晒。最好给宝宝用专用菜板制作辅食，这对减
少交叉感染十分有效。

刀具

给宝宝做辅食用的刀最好与给成人做饭时用的刀分开，以保证清洁。每次做辅食前后都
要将刀洗净、擦干，以减少因刀具不洁而污染辅食的情况出现。

削皮器

宝宝制作辅食的工具要和大人的分开使用。削皮器是制作很多菜品的必需工具，单独给

宝宝准备一个，以保证卫生。

研磨器

研磨器可将食物磨成泥，是辅食添加前期的必备工具。在使用前需
将磨碎棒和器皿用开水浸泡一下。

擦碎器

擦碎器是做丝、泥类食物必备的用具，有两种：一种可将食物擦成颗粒状，一种可将食物擦成丝状。每次使用后都要清洗干净、晾干。食物细碎的残渣很容易藏在细缝里，要特别注意。

榨汁机

榨汁机可选购有特细过滤网、可分离部件清洗的。因为榨汁机是辅食前期制作的常用工具，如果清洗不干净，特别容易滋生细菌，所以在清洁方面要格外用心，最好在使用前后都进行清洗。

挤橙器

给宝宝添加一些橙汁必不可少，这种简易的挤橙器对于辅食添加需求量还比较少的初期，很适合，而且也不易造成浪费。

过滤器

在给宝宝制作泥糊时，量很小用搅拌机不太方便时，可以借助
细筛网，把食物放到细筛网里，用勺背碾压，这样就可以得到细腻的泥糊了。

铁汤匙

铁汤匙可以刮下质地较软的水果组织，如木瓜、哈密瓜、苹果等，也可在制作肝泥时使用。

❤ 喂食必备单品

吸盘碗

餐具要选用底部带有吸盘，能够固定在餐桌的，以免在进食时被宝宝当玩具给扔了。

匙

匙需选用软头的婴儿专用匙，在宝宝自己独立使用的时候，不会伤到他。

口水巾

家长喂食时随时需要用口水巾擦拭宝宝的脸和手。

婴儿餐椅

婴儿餐椅可以培养宝宝良好的进餐习惯，宝宝会走路以后也不用追着喂饭了。

❤ 辅食制作的注意事项

注意干净

为宝宝制作辅食的时候，需要用到很多的厨房用具，比如锅、铲、碗、勺等。因为这些用具表面经常都会残留很多的细菌，所以建议妈妈在给宝宝制作辅食之前充分清洁过后再使用。

另外，如果有条件的话，建议为宝宝专门准备一套烹饪用具，这样可以有效地避免交叉感染。

注意选择优质新鲜的食材

给宝宝选择的食材，最好是选择没有化学物质污染的绿色食物，并且要尽可能地新鲜，在烹调之前也要认真清洗干净。在选购食材时，注意蔬果要完好，不可有伤裂或腐烂的地方，防止细菌对宝宝的健康不利。

注意单独制作

对于宝宝来说，辅食的口味一般都需要清淡、细烂。因此，在制作宝宝辅食的时候，最好要为宝宝另开小灶，这样可以避免让大人过重的口味影响到宝宝。

注意现做现吃

隔顿的食物在味道和营养上都会有很大损失，而且还很容易被细菌所污染。因此，宝宝的辅食一定要现做现吃。吃剩下的辅食不能作为下一餐的食物。

坚持母乳喂养，提高母乳质量

❤ 把握好辅食与母乳的关系

添加辅食并不意味着完全断奶，而是指在继续母乳喂养的同时，添加一些辅食。辅食添加的月龄范围是一般是 7 ~ 24 月龄，换句话说，母乳喂养也应该到宝宝满 24 月时才停止。如果妈妈不能或者不想坚持不到 24 月龄，那就应该用配方奶代替母乳。

一般来说，在宝宝 7 ~ 24 月龄这个阶段，每天母乳的喂养量是差不多的，《中国居民膳食指南（2016）》的建议是：7 ~ 9 月龄的宝宝每天摄入的母乳量应不低于 600 毫升，每天喂养不少于 4 次；10 ~ 12 月龄的宝宝每天摄入的母乳量约为 600 毫升，每天喂养 4 次；13 ~ 24 月龄的宝宝每天摄入约 500 毫升。当然，妈妈可能会出现母乳不足的情况，不能或不想继续母乳喂养，就应以配方奶作为补充，以达到所推荐的摄入量。1 ~ 2 岁的宝宝可以将普通奶、酸奶和奶酪作为食品多样化的一种食物尝试添加，建议少量进食为宜。不能完全代替母乳或者配方奶。

再来看看辅食的喂养量，7 ~ 12 月龄的宝宝所需的能量 1/3 ~ 1/2 来自辅食，而13 ~ 24 月龄的宝宝所需的能量 1/2 ~ 2/3 来自辅食。换句话说，在这个阶段，宝宝每天奶的摄入量基本保持一致，而辅食的量是逐渐增加的。

❤ 乳母怎样饮食才能做到充足、适量、平衡

充足、适量、平衡的饮食是哺乳期饮食的原则，可明显提高母乳的质量。不同食物所含的营养成分种类及数量是不同的，显然单一单调的食物很难满足乳母的需要。食物多样化，可以保证哺乳期营养的需求，同时通过乳汁的口感和气味，潜移默化地影响宝宝对辅食的接受程度和后续多样化饮食结构的建立。但面面俱到地进食种类繁多的食物，常常会顾此失彼，也会导致进食过量。为此，中国营养学会妇幼分会编著的《中国妇幼人群膳食指南 2016》提出了建议：产褥期应为乳母增加富含优质蛋白质及维生素 A 的动物性食品和海产品，选用碘盐。食物应多样化，不过量，重视整个哺乳期营养。乳母保持愉悦心情，充足睡眠，适度运动，忌烟酒，避免浓茶和咖啡。同时建议乳母增加饮奶量，以保证自身骨骼健康，预防乳母因缺钙而导致骨质软化及骨质疏松。

乳母一天食量建议如下：

饮水	2 100 ~ 2 300 毫升
谷薯类	300 ~ 350 克，薯类 75 ~ 100 克，谷类和杂豆 75 ~ 150 克
蔬菜类	400 ~ 500 克，其中绿叶蔬菜和红黄色等有色蔬菜占 2/3 以上
水果类	200 ~ 400 克
鱼、禽、蛋、肉类（含动物内脏）	每天总量为 200 ~ 250 克。瘦畜禽肉 75 ~ 100 克，每周吃动物肝脏 1 ~ 2 次，总量达 85 克猪肝，或鸡肝 40 克。鱼虾类 75 ~ 100 克，蛋类 50 克
奶类	300 ~ 500 克
大豆 / 坚果	25 克 /10 克
坚果	10 克
烹调油	25 ~ 30 克
食盐	<6 克

——摘自《中国妇幼人群膳食指南 2016》

♥ 科学饮汤提高母乳的质和量

宝宝在添加辅食时，还要继续进行母乳喂养。妈妈们要切实提高自己母乳的质和量，切不可因为宝宝可以自己吃饭了，就忽视了自己的饮食问题。

食物多样化保证了母乳的质，而乳母每天的摄水量则和乳汁分泌量息息相关。乳母除了每天要多饮水外，还应保证每餐都有带汤水的食物。

1.乳母要多吃流质食物，如排骨汤、鸡汤、鲜鱼汤、猪蹄汤、豆腐汤和菜汤等。

2.喝汤时要吃肉。很多人都觉得煮汤的时间那么久，肉中的营养都跑到汤水里了，其实不然，肉汤的营养成分大约只有肉的 1/10，因此，妈妈要连汤带肉一起吃掉。

3.不宜多喝油腻的汤。过于油腻的汤不但会影响妈妈对其他营养素的吸收，降低奶水质量，还会导致宝宝产生脂肪消化不良性腹泻。因此要用瘦肉、鱼肉煲汤，禽类做汤时要去皮，排骨做汤时不宜选择那些肥瘦相间的排骨。吃汤前一定要用吸油纸吸去汤中的浮油。

4.根据需要选择食材。妈妈想补血时，可选择富含铁的食物，如猪肝、红肉、动物血等煲汤食材。每周 2 次海产品，如海带、紫菜和海鱼，可以增加乳汁中 DHA 和碘的含量。有利于宝宝生长发育，尤其是宝宝的神经系统和视觉的发育。

5.餐前不宜多喝汤。餐前多喝汤，可以减少食量，从而影响营养的摄入。正确的做法是，餐前可少量饮汤，如半碗或一碗汤，然后进食其他食物，待八九成饱后，再饮一碗汤。

第2部分
宝宝开始吃辅食了
PART TWO

6月龄：辅食添加初体验

❤ 宝宝的第一口辅食从米粉开始

很多人都认为给宝宝添加的第一种辅食是蛋黄，目前营养专家一致的意见是，宝宝的第一餐最好是强化铁的婴儿米粉。

有两个原因：一是精细的米类很少引发食物过敏；二是宝宝开始添加辅食时，在胎儿阶段从母体吸收储存到体内的铁逐渐消耗殆尽，且母乳中的铁含量相对不足，随着宝宝对铁的需求明显增加，易发生缺铁性贫血。而婴儿营养配方米粉1段中含有适量的铁元素，营养配比相对均衡，妈妈非常容易调制成均匀的糊状，调制量任意选择，随时选用，而且味道淡，接近母乳或配方奶粉，宝宝很容易接受。

❤ 循序渐进地给宝宝喂米粉

开始给宝宝喂婴儿米粉时，可选择用母乳、配方奶和水与米粉调成稍稀的泥糊状，以用小勺子舀起时不会很快滴落为宜。

妈妈给宝宝用小勺喂食时，此时宝宝的进食技能尚显不足，不会很顺利地吞咽下去，可能只会舔吮米粉，甚至产生排斥，将食物推出、吐出。这时妈妈不可着急，生硬地将小勺塞进宝宝嘴里，如果宝宝产生窒息感，进食体验就会很差，会对下一次进食产生排斥。当然妈妈也不要放弃，可用小勺舀起少量米粉放在宝宝嘴角的一侧，任其舔吮。有研究表明，婴儿

期的宝宝需要 7 ~ 8 次尝试才能接受一种新食物。

　　第一次喂食米粉，只需尝试 1 小勺，第一天也只可尝试 1 ~ 2 次。在接下来的日子里，视宝宝的情况酌情增加进食量和进食次数。一般来说，一种食物的引进需要观察 2 ~ 3 天，若宝宝适用良好，或者不产生过敏，没有呕吐、皮疹和腹泻的情况，就可添加另一种新食物。

　　当然，其他新食物的引进也像引进米粉类似，进食量和进食次数应循序渐进。

❤ 其他种类辅食引进的顺序

宝宝的第一种辅食是强化铁的米粉，那么宝宝的第二种、第三种辅食又该是什么呢？或者说，有没有一个最佳次序，先添加蛋黄再添加蛋白，先添加鸡肉再添加猪肉，先添加胡萝卜再添加白萝卜，等等。该怎么说呢，很多专家或很多书本会给出这个最佳次序，从这个角度说，是有的。但问题是，每个专家给出的次序又不一样，一人一个说法，从这个角度来说，这个最佳次序又是没有的。

所以说，妈妈不要在这个问题上过于纠结。当然，有些问题的答案是比较确切的，《中国居民膳食指南（2016）》提到：优先添加富铁食物，如红肉泥、肝泥、蛋黄泥等。如果蛋黄食用良好就可尝试蛋白。

其实，对于婴儿来说，多样化的食物才能提供全面而均衡的营养。从这个角度说，谷类食物、动物性食物、蔬果、豆类等不同类别的食物要交替引入，让宝宝的食物尽快多样化，保证营养全面均衡才是最重要的。

❤ 6 月龄宝宝一天的饮食量

这个月的宝宝开始接触辅食，但营养的主要来源还是母乳或配方奶，辅食只是补充部分营养素的不足。

奶量	800 ~ 1 000 毫升
肉禽鱼	25 ~ 50 克
谷物类	适量的强化铁的婴儿米粉、稀粥等谷物类 25 ~ 50 克
蔬果	尝试为主

❤ 6 月龄宝宝一天的饮食安排

宝宝刚开始添加辅食，每天可辅食喂养 1 ~ 2 次，进餐时间逐渐与家人进餐时间一致。每天母乳喂养 4 ~ 6 次，并应逐渐停止夜间喂奶。可大致做如下安排：

7:00	母乳或配方奶
10:00	母乳或配方奶
12:00	各种稀泥糊状辅食，如强化铁婴儿米粉、鱼肉泥、果泥等
15:00	母乳或配方奶
18:00	各种稀泥糊状辅食，如强化铁婴儿米粉、鱼肉泥、果泥等
21:00	母乳或配方奶
夜间	夜奶一次

※ 注：当母乳不足时，以配方奶补充

米粉糊

材料准备： 含铁婴儿米粉、温水各适量。

精心制作：

❶ 在消过毒的碗中加入米粉。

❷ 慢慢倒入温开水（不超过 70℃），边倒边
　搅拌。

❸ 调成稀糊状，质感应该和原味酸奶的稀稠度
　差不多。

　　这是宝宝成长历程中的一次飞跃，第一次辅食体验，要以含铁的婴儿米粉
开始哦！第一次的尝试只是浅尝，不是为了吃饱哦，妈妈要掌握好量。

　　不建议用奶、米汤冲调婴儿配方米粉，这是因为用奶冲调婴儿配方米粉会
增加宝宝的胃肠和代谢压力，造成消化不良的问题。而且米粉是宝宝饮食过渡
到成人食物的第一步，如果加入奶粉味道太浓郁，不利于宝宝日后接受成人食物。
妈妈要用温水冲调婴儿配方米粉，等宝宝适应米粉的味道后，可以逐渐加入已
经添加过的蔬菜泥、肉泥等进行混合。

土豆泥

材料准备：新鲜土豆1个。

精心制作：

❶ 将选好的土豆洗净、去皮，切成小块。

❷ 上蒸锅隔水蒸至熟软。

❸ 取出蒸好的土豆块，放到细筛网里，用勺背碾压过筛成细腻的泥状即可（可适量兑入温水，拌成稀糊）。

如果家里没有压薯泥器，不锈钢的勺子也可以将土豆压成泥。6个月起宝宝开始长出门牙，妈妈可以有意地训练宝宝咀嚼的动作，慢慢地宝宝就知道食物到嘴里不是直接吞咽而是需要咀嚼。

胡萝卜糊

材料准备：胡萝卜1根。

精心制作：

❶ 胡萝卜洗净，削皮，切成小块，放入小碗中，上锅蒸15分钟左右至熟软。

❷ 蒸好的胡萝卜用勺背碾压成糊状即可。

可以用米汤或肉汤将胡萝卜糊调得稀一点。

蒸苹果泥

材料准备：苹果1个。

精心制作：

❶ 苹果清洗干净，去皮、核，切小块，用搅拌机搅打成泥。

❷ 将苹果泥放入蒸锅，隔水蒸熟即可。

蒸熟或煮熟的苹果可以缓解腹泻，而生苹果泥可以减轻或预防便秘。

土豆泥

胡萝卜糊

苹果泥

菜花泥

材料准备：菜花1小朵（约20克）。

精心制作：

❶ 将菜花洗净，切碎。

❷ 将菜花放到锅里煮软。

❸ 将煮好的菜花放到干净的碗里，用小勺按
压成泥即可。

❤ 贴 心 叮 咛

菜花洗净后用盐水浸泡10分钟，
以去除残留农药。

南瓜糊

材料准备：南瓜 1 块。

精心制作：

❶ 将南瓜洗净，削皮，去籽，切成小块。

❷ 放入小碗中，加上少许水，上锅蒸 15 分钟左右。

❸ 把蒸好后的南瓜用勺背碾压成细腻的糊状即可。

❤ 贴 心 叮 咛

宝宝添加辅食的初期，制作量都很少，直接用勺子碾压成糊状即可。

香蕉泥

材料准备：香蕉1/2 根。

精心制作：

❶ 将香蕉去皮。

❷ 用勺子将香蕉肉压成泥状即可。

猪肉泥

材料准备：**猪瘦肉 50 克。**

精心制作：

❶ 猪瘦肉用流动的水清洗干净表面杂质，切成小块，放入搅拌机中打成肉泥备用。

❷ 打好的肉泥放入碗内，加少许清水，移入蒸锅，中火隔水蒸 7 分钟至熟即可。

❤ 贴 心 叮 咛

肉泥一定要做得细细的，做成蓉的感觉。宝宝适应后，也可以将肉泥加入婴儿配方米粉混合喂给宝宝。

7～9月龄：多多尝试，从泥糊到颗粒食物过渡

❤ 7～9月龄宝宝的辅食添加攻略

这个时期的宝宝从蠕嚼期（舌嚼碎＋牙龈咀嚼）向细嚼期（主要以牙龈咀嚼）过渡，相应地，辅食也要从稍厚的泥糊状向碎末状，再向小颗粒状食物过渡。

宝宝已经尝试了一些食物，可以继续给宝宝添加鱼肉、禽畜肉（暂时不要为宝宝添加牛肉，因为牛肉纤维较粗，宝宝不易消化，最好在宝宝十个月后尝试添加）和粗粮，引入新的辅食。妈妈切不可为了省事，总是喂宝宝那些他已经接受的食物。

辅食的引进仍应遵循循序渐进的原则，并密切关注是否有食物过敏的现象，常见的过敏食物有鸡蛋、鱼、坚果、豆类、小麦、海鲜等。

除了扩大宝宝的食物种类，要注意增加食物的稠厚度和粗糙度，进一步，可喂养一些带有小颗粒状的辅食，并尝试块状的食物，如软饭、小包子、小饺子，肉末、碎菜等。

❤ 7～9月龄宝宝一天的饮食量

7～9月龄宝宝可每天母乳喂养4～6次，总奶量应保持600毫升以上。要优先添加富铁的食物，如强化铁的婴儿米粉、红肉泥、肝泥、蛋黄泥，如蛋黄适应良好后就可尝试添加蛋白，并逐渐达到每天1个蛋黄。肉、禽、鱼肉可每天添加50克（若宝宝对鸡蛋过敏，在回避的同时，应增加30克肉类），其他谷物类、蔬菜、水果的添加量可根据宝宝的需要而定。增加5～10

克植物油，推荐以富含 α - 亚麻酸的植物油为首选，如亚麻籽油、核桃油等。

7 ~ 9 个月宝宝从泥糊状的辅食逐渐到小颗粒食品，如稠粥、烂面、肉末、碎菜、小颗粒水果等。

奶量	600 毫升以上
鸡蛋	逐渐达到 1 个蛋黄
肉、禽、鱼	50 克
谷物类	适量强化铁的婴儿米粉、稠粥、烂面等谷物类
蔬果	尝试为主

❤ 7 ~ 9 月龄宝宝一天的饮食安排

宝宝刚开始添加辅食时，每天可辅食喂养 2 次，并进餐时间逐渐与家人一致。每天母乳喂养 4 ~ 6 次，并应逐渐停止夜间喂奶。可大致做如下安排：

7:00	母乳或配方奶
10:00	母乳或配方奶
12:00	各种泥糊状的辅食，如婴儿米粉、稠厚的肉末粥、菜泥、果泥、蛋黄等
15:00	母乳或配方奶
18:00	各种泥糊状的辅食
21:00	母乳或配方奶
夜间	夜奶一次

鸡肉米粉糊

材料准备：鸡胸肉、婴儿配方米粉各 30 克。

精心制作：

❶ 将鸡胸肉用流动的水冲洗净表面杂质，切成小块，放入搅拌机中打成鸡肉泥备用。

❷ 将鸡肉泥上蒸锅隔水蒸 8 分钟至熟。

❸ 婴儿配方米粉用温水调匀后，与蒸制好的鸡肉泥混合，搅拌均匀即可。

 贴 心 叮 咛

添加辅食要由少到多，由单一到复杂，根据宝宝的情况随时调整。不要诱导喂食，吃完辅食紧接着喂奶，让宝宝一次吃饱，他才会对辅食和奶保持充分的兴趣。

香蕉牛油果

材料准备：牛油果1/2个，香蕉1/2根。

精心制作：

① 牛油果纵向切开，去掉果核，将果肉挖出来，用勺子将其捣烂。

② 剥一根香蕉，同样捣成泥。

③ 将牛油果泥和香蕉泥混合在一起即可。

❤ 贴 心 叮 咛

牛油果又叫"鳄梨"。其果肉质感比较光滑而且是奶油状的。它应该是最简单的自制婴儿辅食了，因为妈妈都不用把它煮熟，只要用勺子或搅拌机把果肉捣成泥就可以了。适合与牛油果混合的婴儿食物有香蕉、梨、苹果、西葫芦、鸡肉和酸奶。

菠菜泥

材料准备：菠菜叶 6 片，玉米粉 1 小匙。

精心制作：

① 将菠菜叶洗净，切碎。

② 将切碎的菠菜叶放入锅中，煮熟或蒸熟后，磨碎、过滤（去汁）。

③ 将菠菜泥放入锅中，加入少许水，边搅边煮，加入玉米粉及适量水，继续加热搅拌煮成黏稠状即可。

豌豆泥

材料准备：新鲜豌豆荚 50 克。

精心制作：

❶ 新鲜豌豆荚去皮，豌豆一粒一粒剥好备用。

❷ 剥好的豌豆放入碗中，移入蒸锅，隔水蒸 8 分钟至豌豆熟软。

❸ 将蒸熟的豌豆去皮，用勺压成有细小颗粒的糊即可。

贴心叮咛

　　妈妈最好买带壳的豌豆自己剥皮。每种食材宝宝度过最初的适应期后，妈妈要让他多接触各种食物的味道，促进味觉发育。

红枣泥

材料准备：红枣 3 枚。

精心制作：

① 红枣洗净，放入碗中，加一勺水。

② 将碗移入蒸锅中，隔水蒸 15 ~ 20 分钟至红枣软熟。

③ 去掉红枣的皮与核后，红枣肉用勺背碾压成泥即可。

❤ 贴 心 叮 咛

　　妈妈一定要把红枣皮去净，不要让宝宝吃得太多，以免造成膳食不平衡，每次 2 ~ 3 勺比较合适。红枣容易引发龋齿，宝宝吃完红枣后要喝一点温水。

鸡肝番茄泥

材料准备：番茄 1/2 个，鸡肝 30 克。

精心制作：

❶ 鲜鸡肝在清水中洗净，最好在清水中浸泡 30 分钟，然后冲洗干净，去筋膜，切碎成末。

❷ 番茄洗净，在顶端划十字口，放入滚水中汆烫后去皮。

❸ 将番茄去籽切碎，捣成番茄泥。

❹ 把鸡肝末和番茄泥拌好，放入蒸锅中，隔水蒸 5 分钟，充分搅拌均匀即可。

♥ 贴 心 叮 咛

这款鸡肝番茄泥制作好后，妈妈可以混合在煮好的烂面条里给宝宝吃，也可以混合在婴儿配方米粉里给宝宝吃。鸡肝一周吃上 1～2 次即可。

鸡肉西葫芦泥

材料准备：鸡胸肉 30 克，西葫芦 1/4 个。

精心制作：

❶ 将鸡胸肉在小汤锅内煮熟后打成泥备用。

❷ 西葫芦洗净，去皮，切成小块，上蒸锅隔水蒸 8 分钟至熟，然后压成泥。

❸ 将鸡肉泥和西葫芦泥混合即可。

 贴 心 叮 咛

确定宝宝对食材没有异常反应后，妈妈要在熟悉的食材中混搭新口味，帮助宝宝适应新的混合后食物的口味，以满足宝宝进食丰富食物的意愿。

蛋黄米糊

材料准备：熟鸡蛋黄 1/4 个，婴儿配方米粉 20 克。

精心制作：

❶ 先用小汤锅将鸡蛋煮熟，取鸡蛋黄 1/4 个，压成泥。

❷ 婴儿配方米粉用温水调匀后与蛋黄泥混合即可。

❤ 贴 心 叮 咛

鸡蛋虽然营养丰富，但不包含所有营养素，因此，妈妈要将蛋黄与米粉、粥、烂面条、菜泥、肉泥混合喂养，营养才会更加丰富。

三文鱼菜花

材料准备：三文鱼、菜花各 30 克。

精心制作：

❶ 菜花掰开成小朵，洗净，放入沸水中煮软后切碎。

❷ 三文鱼洗净，放入蒸锅隔水蒸熟，取出捣碎备用。

❸ 将三文鱼鱼碎放在菜花碎上拌匀即可。

❤ 贴 心 叮 咛

宝宝第一次吃鱼时妈妈还是要单独制作，不要混合。如果确定宝宝没有异常反应，就可以继续吃，并逐渐增加搭配。

鸡肉西葫芦泥

蛋黄米糊

三米鱼肉粥

黄金南瓜羹

材料准备： 南瓜50克，鸡汤50毫升。

精心制作：

❶ 南瓜去皮、去籽，洗净，切成小丁。

❷ 将南瓜丁放入搅拌机中。

❸ 加入鸡汤，将南瓜丁打成泥状。

❹ 搅打好的南瓜鸡汤泥放入小汤锅中，用小火煮沸，拌匀即可。

8月龄
辅食

 贴心叮咛

妈妈们请记住，这款南瓜汤要混合在煮好的烂面条或粥里喂给宝宝吃。

青菜面

材料准备：龙须面 20 根，高汤（鸡汤、骨头汤、蔬菜汤）1 碗，青菜叶 3 片，芝麻油、酱油各适量。

精心制作：

❶ 龙须面掰碎（越碎越好），青菜叶洗干净切碎。

❷ 锅内放入高汤煮开，下入面条。

❸ 中火将面条煮烂，加入青菜末。

❹ 再次沸腾即可关火，盖锅盖闷 5 分钟。

❺ 加入芝麻油和酱油调味。

❤ 贴 心 叮 咛

骨头汤、肉汤、鸡汤、鱼汤等统称高汤，富含锌、钙等全面的营养，易于宝宝吸收。没有高汤用水代替也可以。平时炖煮好的高汤可以分好小包放入冰箱，用的时候随时取用，很方便。

小米胡萝卜糊

材料准备：小米 30 克，胡萝卜 1 根。

精心制作：

❶ 小米淘洗干净，放入小锅中熬成粥，取上层米汤备用。

❷ 胡萝卜去皮，洗净，切块，放入蒸锅蒸至熟软，取出碾压成泥状（可保留一些颗粒感）。

❸ 将小米汤和胡萝卜泥混合调成糊状即可。

土豆西蓝花泥

材料准备：土豆 20 克，西蓝花 100 克。

精心制作：

精心制作：

❶ 土豆去皮，切片，放入沸水中煮熟，压碎。

❷ 西蓝花洗净，放入沸水中煮熟，同样压碎。

❸ 将压碎的土豆和西蓝花混合，搅拌成稍微带有一些颗粒感的泥状即可。

蛋黄豆腐

材料准备：豆腐 50 克，油菜叶 1 片，熟蛋黄 1 个。

精心制作：

❶ 将豆腐在水中焯烫后放入碗内，捣烂成泥。

❷ 油菜叶焯烫后切碎，放入豆腐泥中，搅拌均匀捏成方块形。

❸ 将熟蛋黄碾碎后，均匀地撒在豆腐的表面，中火蒸 10 分钟即成。

小米胡萝卜糊

蛋黄豆腐

土豆西蓝花泥

双色段段面

材料准备：儿童面条20克，白菜、胡萝卜各10克。

精心制作：

❶ 白菜叶和胡萝卜分别煮熟。

❷ 白菜和胡萝卜剁碎成蓉。

❸ 将儿童面条掰成2厘米长的小段，放进沸水里，煮至软熟。

❹ 煮好的面条盛入碗中，加入白菜蓉和胡萝卜蓉拌匀即可。

西蓝花鸡肉烩

材料准备：西蓝花 50 克，鸡肉 30 克。

精心制作：

❶ 西蓝花洗净后掰成小朵。

❷ 鸡肉洗净后去掉筋膜，剁成鸡肉蓉。

❸ 将西蓝花和鸡肉蓉混合拌匀后，入蒸锅用
大火隔水蒸熟即可。

💗 贴 心 叮 咛

　　这道菜妈妈可以加在白粥或面条里拌着给宝宝吃。鸡肉就选鸡腿肉或鸡胸肉。妈妈要注意随着宝宝咀嚼能力的提高，食物质地也要与之前的质地有所区别，可以用刀将鸡肉切成碎末或小碎块。

蛋黄米粥

材料准备：**熟鸡蛋黄1个，大米30克。**

精心制作：

❶ 大米淘洗干净，加水熬成粥。

❷ 待粥熬熟后，将蛋黄掰碎放入粥中，搅拌均匀即可。

贴心叮咛

宝宝每次的辅食不要固定在1～2种食材，如果单一食材宝宝身体都适应了，可以增加食材种类，也可以增加合理的搭配，如蛋黄和碳水化合物，也就是与主食搭配就很好。

鸡蓉玉米羹

材料准备：鸡胸肉、鲜玉米粒各30克，鸡汤100毫升。

精心制作：

❶ 鸡胸肉和玉米粒洗净，分别剁成蓉备用。

❷ 鸡汤烧开撇去浮油，加入鸡肉蓉和玉米蓉搅拌后煮开，转小火再煮5分钟即可。

 ♥贴 心 叮 咛

可用骨头、高汤、清水代替鸡汤。宝宝肠胃发育如果够健康，可以适当在他们的饮食中增加一些动物油脂，但是注意不要过于油腻。玉米中的纤维素含量非常高，能有效刺激宝宝的胃肠蠕动，增强宝宝的食欲。

猪肝汤

材料准备： 新鲜猪肝 30 克，土豆半个（50 克），嫩菠菜叶 10 克，高汤少许。

精心制作：

❶ 将猪肝洗干净，去掉筋、膜，放在砧板上，用刀或边缘锋利的不锈钢汤匙按同一方向以均衡的力量刮出肝泥和肉泥。

❷ 土豆洗净，去皮后切成小块，煮至熟软后用小勺压成泥。

❸ 将菠菜放到开水锅中焯 2～3 分钟，捞出来沥干水分，剁成碎末。

❹ 锅里加入高汤和适量清水，加入猪肝泥和土豆泥，用小火煮 15 分钟左右，待汤汁变稠，把菠菜叶均匀地撒在锅里，熄火，即可。

薯泥鱼肉羹

材料准备：土豆 20 克，鳕鱼 10 克。

精心制作：

❶ 土豆削去外皮，清洗干净，切成大块，放入蒸锅中大火蒸至熟软。

❷ 鳕鱼清洗干净，放入小煮锅中，加入适量冷水（水量以没过鱼肉 1 厘米即可），大火煮熟，捞出。

❸ 将蒸熟的土豆和煮熟的鱼肉放入碗中，用勺背均匀地压碎成泥。

❹ 取 2 茶匙（10 毫升）煮鳕鱼的鱼汤倒入土豆、鳕鱼泥中，用勺子轻轻地搅拌均匀成黏稠状即可。

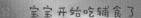

肝泥银鱼蒸鸡蛋

材料准备：鸡蛋黄1个，鸡肝30克，银鱼10克。

精心制作：

1. 鸡蛋黄加50毫升温水打散备用。

2. 鸡肝处理干净，放入沸水中焯水，捞出并沥干水分，剁碎成泥状。

3. 银鱼放入沸水中焯水后剁成末。

4. 将鸡肝泥和银鱼碎末放入盛有蛋黄液的碗中，搅拌匀，盖上保鲜膜。

5. 将碗放入锅中蒸至食材全熟即可。

贴心叮咛

鸡肝、鸭肝、猪肝这些内脏，妈妈一周给宝宝吃1次即可。这些动物肝脏买回来洗净后，要先在水中浸泡30分钟后再制作。还是要提醒妈妈们，主食要至少占每餐辅食量的一半，其余的蔬菜、肉类、鱼类等共占一半。要掌握好这个比例，从而合理安排宝宝每餐的辅食。

牛奶南瓜羹

材料准备：南瓜 50 克，牛奶、面包屑各适量，白砂糖少许。

精心制作：

❶ 先将南瓜洗净，去皮切成小块，将南瓜块蒸至熟透，再将其放入碗中，搅成南瓜泥。

❷ 在南瓜泥中加入牛奶和白砂糖，搅拌均匀，上锅再蒸 5 分钟。

❸ 取出后在表面撒上面包屑，搅匀即可食用。

 贴心叮咛

1. 夏季是吃南瓜的好季节，南瓜可健脾胃，还有消暑的功效。

2. 南瓜最好用蒸的方法做，这样营养流失少，而且建议蒸南瓜要蒸透些，蒸得越透南瓜的味道越香甜诱人。

时蔬浓汤羹

材料准备：番茄 20 克，土豆 20 克，圆白菜 20 克，胡萝卜 20 克。

精心制作：

1. 所有食材洗净、沥干水分，胡萝卜、番茄和土豆去皮，分别切成小块，圆白菜也切成小块。

2. 小汤锅中加入适量清水，煮沸后，依次放入胡萝卜丁、土豆丁、番茄丁和圆白菜，煮至熟软关火。

3. 待凉后用搅拌机将上述食材打碎。

4. 将打碎的汤汁倒回锅中，继续用小火煮至稠状即可。

贴心叮咛

小宝宝吃番茄时，一定要去皮，以免造成吞咽危险。番茄顶端划个十字口，然后在热水中一烫，番茄皮就会裂开，最后用手撕下皮即可。

香蕉胡萝卜玉米羹

材料准备：香蕉1/3个（30克左右），玉米面100克，熟蛋黄1/2个，胡萝卜1/4个（30克左右）。

精心制作：

❶ 将胡萝卜洗净，切成小块，用榨汁机榨出胡萝卜汁；玉米面用凉开水调成稀糊备用。

❷ 将熟蛋黄用小勺捣成蛋黄泥；香蕉剥去皮，切成小块，用小勺捣成泥。

❸ 锅内加适量水烧开后，倒入玉米糊，改用小火煮，边煮边搅拌。

❹ 闻到玉米香味时加入蛋黄泥和香蕉泥，倒入准备好的胡萝卜汁，再煮两分钟左右，熄火晾凉即可。

太阳蛋

材料准备：鸡蛋1个，胡萝卜100克。

精心制作：

❶ 鸡蛋在碗中打散，加入蛋液2倍量的凉开水调匀。胡萝卜去皮，切成碎末。

❷ 将盛有蛋液的碗移入蒸锅中，大火蒸2分钟。

❸ 将切好的胡萝卜碎按照太阳的形状铺在碗中的蛋面上，改中火继续蒸8分钟即可。

番茄拌蛋

材料准备：蛋黄1/2个，番茄1个。

精心制作：

❶ 将鸡蛋煮熟后取出蛋黄半个，压成泥。

❷ 番茄洗净，汆烫，去皮，捣成泥，加入蛋黄泥中调匀即可。

香蕉胡萝卜米糊

太阳蛋

番茄炒蛋

山药鸡蓉粥

材料准备： 山药 30 克，大米 50 克，鸡胸肉 10 克，清水适量。

精心制作：

❶ 将大米淘洗干净，放到冷水里泡两个小时左右。

❷ 将鸡胸肉洗净，剁成极细的蓉，放到锅里蒸熟。

❸ 将山药去皮洗净，放入开水锅里汆烫一下，切成碎末备用。

❹ 将大米和水一起倒入锅里，加入山药末，煮成稠粥。

碎菜猪肉松粥

材料准备： 大米 30 克，小油菜 10 克，猪肉松 5 克，芝麻油 3 ~ 5 滴。

精心制作：

❶ 小油菜只取嫩嫩的菜心，择洗干净后放入沸水锅中煮熟煮软，并切成碎末备用。

❷ 大米和水以 1:5 的比例煮成 5 倍稠粥，将小油菜末放入拌匀，滴入芝麻油即可。

❸ 吃的时候，在粥的表面撒上一层猪肉松，最好选用婴儿专用的肉松，这种肉松纤维很少，便于宝宝消化吸收。

南瓜四喜汤面

材料准备：儿童面条 20 克，肉末 25 克，南瓜、胡萝卜、莴笋各 10 克。

精心制作：

❶ 南瓜、胡萝卜和莴笋分别洗净，去皮，切丁备用。

❷ 小汤锅中加水，放入肉末大火煮沸，再把南瓜丁、胡萝卜丁、莴笋丁放入汤中，继续用大火烧沸。

❸ 汤煮沸后放入掰成小段的面条，所有食材煮熟、煮烂即可。

- -

双色虾肉菜花

材料准备：大虾 2 只，菜花、西蓝花各 20 克。

精心制作：

❶ 将菜花、西蓝花分别洗净，放入沸水中煮软后捞出，切碎。

❷ 大虾洗净，去壳取虾肉，去除沙线，放入沸水中煮熟，切碎。

❸ 将熟虾仁碎与切好的双色菜花碎拌匀即可。

- -

黄金豆腐

材料准备：胡萝卜 60 克，内酯豆腐 1 块（约 120 克），水 100 毫升。

精心制作：

❶ 将胡萝卜洗净、去皮，放入水中焯一下，取出切成小块。

❷ 将水与胡萝卜放入果汁机中，搅打均匀。

❸ 将打好的胡萝卜汁倒入锅内，以小火煮开，再熬煮 5 分钟后熄火。

❹ 将内酯豆腐盛入容器中，淋上胡萝卜汤汁，搅拌后即可喂食。

清瓜四喜汤面

清爽奶酪虾

双色虾肉菜花

胡萝卜鱼粥

材料准备：胡萝卜30克，小鱼干1大匙，白粥1碗。

精心制作：

1 胡萝卜洗净去皮，切末，小鱼干泡水洗净，沥干备用。

2 将胡萝卜、小鱼干分别煮软、捞出、沥干。

3 在锅中倒入白粥，加入小鱼干搅匀，最后加入胡萝卜末煮滚即可。

清蒸鱼泥

材料准备： 净鱼肉100克，鸡蛋黄1个，淀粉10克。

精心制作：

❶ 将鱼肉洗净后切小丁，放入搅拌机和鸡蛋黄一起打成鱼泥备用。

❷ 鱼泥加入淀粉后拌匀，也可以再次搅打。

❸ 将鱼泥盛入碗中，用勺子背抹平，入蒸锅蒸熟即可。

贴心叮咛

妈妈选择鱼的时候要选择鱼刺少的，比如三文鱼、鲈鱼等。草鱼或鲤鱼的刺比较多，要谨慎选用。二次搅打是为了使鱼泥上劲，不要用搅拌机，手动搅打就行。

10 ~ 12 月龄：辅食添加进行式，从颗粒到块状食物

❤ 10 ~ 12 月龄宝宝辅食的特点

经过几个月的辅食喂养，宝宝已经尝试了许多食物，当然，一定还有许多食物是宝宝没接触过的。为了减少将来宝宝挑食、偏食的风险，本阶段的宝宝应继续引入新的辅食。妈妈切不可为了省事，总是喂养宝宝那些他已经接受的食物。

辅食的引进仍应遵循循序渐进的原则，并密切关注是否有食物过敏的现象，常见的过敏食物有鸡蛋、鱼、坚果、豆类、小麦、海鲜等。

除了扩大宝宝的食物种类，要注意增加食物的稠厚度和粗糙度，进一步，可喂一些带有小颗粒状的辅食，并尝试块状的食物，如软饭、小包子、小饺子，肉末、碎菜等。

❤ 10 ~ 12 月龄宝宝一天的饮食量

这个年龄段的宝宝应停止夜间奶，这样母乳喂养的次数可减少到每天 3 ~ 4 次，总奶量约 600 毫升，并添加 2 ~ 3 次辅食，要注意每日食物的多样性：鸡蛋 1 个；肉禽鱼肉共 50 克；适量的婴儿米粉（含强化铁）、稠厚的粥、软饭、馒头等谷物类食物；继续尝试不同种类的蔬菜和水果，同时根据需要增加进食量，可尝试碎菜或自己啃咬香蕉、煮熟的胡萝卜和土豆。

♥ 10 ～ 12 月龄宝宝一天的饮食安排

这个阶段的宝宝可以完全停止夜间喂奶了，这样母乳喂养的次数减少到每天为 3 ～ 4 次。而喂养辅食的次数则由之前每天 2 次渐次增加到每天 3 次，且要尽量与家人进餐的时间相同或相近，这样，让宝宝养成规律的进食习惯，方便家人的喂养。可大致做如下安排：

7:00	母乳或配方奶，逐渐增加少许谷类食物。如面包片、馒头片、燕麦片等。以喂奶为主。
10:00	母乳或配方奶，水果或软面食
12:00	软固体食物，小饺子、小馄饨，可尝试软饭、撕碎的畜禽肉、切片的水果、蔬菜等
15:00	母乳或配方奶，水果或软面食，以喂奶为主
18:00	软固体食物，小饺子、小馄饨，可尝试软饭、撕碎的畜禽肉、切片的水果、蔬菜等
21:00	母乳或配方奶

♥ 7 ～ 12 月龄建议每天的进食量

母乳或配方奶	700 ～ 500 毫升	鸡蛋	15 ～ 50 克（至少一个蛋黄）
谷类	20 ～ 75 克	肉禽鱼	25 ～ 75 克
蔬菜	25 ～ 100 克	油	0 ～ 10 克
水果	25 ～ 100 克		无盐，不添加糖和调味品

—— 摘自《中国妇幼人群膳食指南 2016》

三鲜蛋羹

材料准备： 鸡蛋黄 1 个，基围虾 2 只，猪肉 20 克，香菇 1 朵。

精心制作：

❶ 将虾洗净、剥壳、去除沙线、剁碎，猪肉洗净、切成末，香菇洗净、切成末。

❷ 将虾泥碎、猪肉末、香菇末混合在一个碗里，顺着一个方向搅拌均匀；

❸ 鸡蛋黄打散。

❹ 在蛋黄液中加清水，以及虾泥、肉末、香菇末，搅拌均匀。

❺ 将食材放入蒸笼内，隔水蒸 5~8 分钟至熟即可。

❤ 贴 心 叮 咛

> 猪肉可以换成鸡肉或牛肉。蘑菇用白蘑菇或香菇都可以。要记住现在这个月龄的宝宝还不能吃全蛋，妈妈要用蛋黄制作这道菜。这道菜不能单独作为一顿辅食，要和主食配在一起吃。

番茄银耳小米粥

材料准备：小米 30 克，番茄 50 克，银耳 10 克，水淀粉、冰糖各适量。

精心制作：

❶ 将小米放入冷水中浸泡 1 小时，待用。

❷ 番茄洗净切成小片，银耳用温水泡发，除去黄色部分后切成小片，待用。

❸ 将银耳放入锅中加水烧开后，转小火炖烂，加入番茄、小米一并烧煮，待小米煮稠后加入冰糖，淋上水淀粉勾芡即成。

- -

奶酪饼

材料准备：胡萝卜 1/4 根，奶酪 50 克，鸡蛋 1/4 个，牛奶 20 毫升，糕粉 30 克，香菜末 1 小匙。

精心制作：

❶ 将胡萝卜用擦菜板擦碎，奶酪捣碎；鸡蛋加入牛奶调匀。

❷ 将糕粉、胡萝卜、奶酪、香菜末放入鸡蛋糊中搅匀。

❸ 将搅拌好的材料用匙盛入煎锅，用油煎成饼。

- -

黏香金银粥

材料准备：大米 30 克，小米 20 克，肉松、熟蛋黄泥各适量。

精心制作：

❶ 大米、小米分别淘洗干净。

❷ 先将大米放入煮锅内加水，旺火烧开后加入小米，略煮后，转微火熬至黏稠。

❸ 出锅时，粥内放点肉松、蛋黄泥等，营养更丰富。

番茄银耳小米粥

奶酪饼

香菇金银粥

枣泥花生粥

材料准备：红枣（干或鲜均可）5 枚，花生米 20 粒，大米 50 克。

精心制作：

❶ 将大米淘洗干净，先用冷水浸泡 2 个小时。将干红枣洗净，用冷水泡 1 个小时（鲜红枣不用泡，洗干净就可以了）。

❷ 将花生米洗净，去皮，放入锅中加清水煮，花生六成熟时加入红枣煮烂。

❸ 捞出煮熟的红枣，去掉皮、核，和花生米一起碾成泥备用。

❹ 锅里加入适量的水，加入大米煮成稀粥。加入花生泥和枣泥，用小火煮 10 分钟左右，边煮边搅拌，至粥变得黏稠时熄火，即可。

香菇鸡肉粥

材料准备：米饭、鸡脯肉各50克，鲜香菇2朵。

精心制作：

① 先将鲜香菇洗净，剁碎；鸡脯肉洗净，剁成泥状。

② 锅内倒油烧热，加入鸡肉泥、香菇末翻炒。

③ 把米饭下入锅中翻炒数下，使之均匀地与香菇末、鸡肉泥混合。

④ 锅内加水，用大火煮沸，再转水火熬至黏稠即可。

奶香牛油果蛋黄磨牙棒

材料准备： 熟鸡蛋黄1个，酸奶10克，牛油果1/2个，全麦面包1片。

精心制作：

❶ 牛油果纵向切开，去掉果核，挖出果肉。

❷ 将全麦面包片切成条状。

❸ 将牛油果果肉、熟鸡蛋黄和酸奶一起碾压至呈顺滑状。

❹ 吃的时候让宝宝自己握着面包条蘸牛油果蛋黄酱即可。

贴心叮咛

　　宝宝这个月已经出了几颗小牙了，妈妈准备这样的磨牙棒给他们会给出牙的宝宝一些帮助，他们会觉得舒服很多。在制作时妈妈要确定宝宝对麦麸不过敏，如过敏，妈妈也可以换成其他白吐司。鼓励宝宝用手自己抓着面包条蘸牛油果酱吃，鼓励他自己控制食物，不要怕弄脏衣服。

牛肉鸡毛菜粥

材料准备：大米30克，牛里脊肉20克，鸡毛菜10克。

精心制作：

1 牛里脊肉用流动的清水冲洗净，沥干水分，剁成肉蓉。

2 鸡毛菜择洗干净后，在沸水锅内烫熟，捞出剁成菜末。

3 大米淘洗干净后，加适量清水，大火煮沸后，加入牛肉蓉，继续熬煮至黏稠。

4 在粥里加入鸡毛菜末，搅拌均匀即可关火。

❤ 贴 心 叮 咛

在这里要反复强调，虽然宝宝辅食的花样增多了，但是1岁以内的宝宝，辅食里不要添加盐等调味品。喂养的顺序依旧是先喂辅食再喂奶，让宝宝知道饿和饱的感觉。

豆腐软饭

材料准备： 大米100克，豆腐50克，青菜30克，炖肉汤（鱼汤、鸡汤、排骨汤均可）适量。

精心制作：

❶ 将大米浸泡30分钟。

❷ 将大米淘洗干净，放入电饭煲中，水和米的比例为1：1.5，煮成软米饭。

❸ 将蒸好的米饭放入小汤锅内，加入肉汤一起煮。

❹ 将青菜洗净、切碎，豆腐放入沸水中焯一下并切成小块，米饭煮软后加豆腐和青菜碎，稍煮即可。

❤ 贴 心 叮 咛

软软的饭怎么掌握火候，就是要比粥要稠，而且要稍微硬一点，符合宝宝的生长发育和小牙发育，以及咀嚼能力训练的需求。青菜可以随意选择，豆腐要选韧豆腐或北豆腐。

豆腐牛油果饭

材料准备：大米 50 克，牛油果 1/2 个，韧豆腐 20 克，肉汤适量。

精心制作：

❶ 将大米浸泡 30 分钟后，淘洗干净，放入电饭煲中，煮成软米饭。

❷ 将牛油果去皮，果肉切碎。

❸ 韧豆腐洗净，切成小块，在小汤锅中煮熟。

❹ 将韧豆腐和果肉拌匀，再将软米饭和煮熟的豆腐块、牛油果块与适量肉汤拌匀即可。

鳕鱼红薯饭

鳕鱼中所含的 DHA 和牛磺酸，对宝宝大脑发育极为有益。

材料准备：红薯 30 克，鳕鱼肉 50 克，白米饭半碗，蔬菜少许。

精心制作：

❶ 将红薯去皮，切块，浸水后放微波碗中，放入微波炉，加热约 1 分钟。

❷ 蔬菜洗净，切碎；鳕鱼肉用热水汆烫。

❸ 锅置火上，放入白米饭，加入清水和红薯、鳕鱼肉及蔬菜，一起煮熟即可。

红嘴绿鹦哥面

材料准备： 番茄1/2个，菠菜叶5克，豆腐1小块，高汤100毫升，细面条1小把。

精心制作：

❶ 将番茄洗净，用开水烫一下，去掉皮，切成碎末备用。将菠菜叶洗净，放到开水锅里焯两分钟，切成碎末备用。

❷ 将豆腐用开水焯一下，切成小块，用小勺捣成泥。

❸ 锅内加入高汤，倒入准备好的豆腐泥、番茄末和菠菜，烧开。

❹ 稍煮5分钟，下入面条，煮至面条熟烂即可。

❤ 贴 心 叮 咛

菠菜一定要先用水焯过，否则里面的草酸容易和豆腐里的钙结合生成草酸钙，不利于宝宝补充钙质，还容易形成结石。

11 月龄
辅食

鸡蓉玉米蘑菇汤

材料准备： 鸡肉 30 克，玉米粒 10 克，香菇 1 朵，鸡蛋 1 个（取蛋黄）。

精心制作：

❶ 香菇洗净后切成末。

❷ 将香菇末和玉米粒一起用搅拌机搅打成蓉。

❸ 鸡肉剁成碎粒，鸡蛋黄打散备用。

❹ 将玉米粒、香菇碎和鸡肉碎一起混合后，淋入蛋黄液。

❺ 将拌好的食材放入蒸锅，大火隔水蒸熟后，拌匀即可。

 贴心叮咛

　　在制作时妈妈也可以将所有食材洗净后切小块一起倒入搅拌机搅打，可以稍粗一点，让宝宝的辅食质地由细到粗慢慢过渡。依旧强调不要加盐及其他调味料。

鲜肝薯羹

材料准备： 土豆 30 克，大米 50 克，鸡肝 10 克。

精心制作：

❶ 鸡肝用流动的水冲洗干净，放入小汤锅中煮熟，捞出。

❷ 土豆清洗干净，去皮，放入小汤锅中煮至熟软。

❸ 将土豆和鸡肝切成小块状。

❹ 大米淘洗干净后，加入适量清水煮沸，转小火煮成米粥。

❺ 放入所有食材，转小火煮，搅拌均匀，关火即可。

食品营养专家指出，动物的肝脏都富含铁和多种维生素，如果要给宝宝补充铁或维生素 A，鸡、鸭、牛、羊的肝脏均可，无须拘泥于猪肝。对宝宝来说，鸡肝质地细腻，口感更好。

鱼肉小馄饨

材料准备： 鱼肉50克，青菜1棵，小馄饨皮6张。

精心制作：

❶ 鱼肉清洗干净、沥净水分、剔除干净鱼刺并剁成泥状，青菜洗净、去根、切成碎末。

❷ 将鱼泥和青菜末混合搅拌均匀，制成馄饨馅，将馄饨皮和馅料包成小馄饨。

❸ 大火烧开锅中的水，倒入包好的馄饨，煮至馄饨浮上水面时即可。

贴心叮咛

鱼肉的刺要剔除干净，可以选用刺少的鲈鱼、鳕鱼、三文鱼、黄鱼等。馄饨里加入一些青菜，油菜、白菜都可以。馄饨皮要做得薄一些，煮的时候充分煮熟。这样的一碗馄饨荤素搭配很合理，很适合宝宝吃，就算没几颗小牙也完全可以用牙龈磨碎食物。

番茄面疙瘩汤

材料准备：面粉50克，鸡蛋1个（取蛋黄用），番茄1/2个。

精心制作：

① 将番茄去皮、切碎，蛋黄在碗中打散。

② 面粉慢慢地加水，边加水边用筷子快速搅拌，呈细小的絮状。

③ 番茄丁加1碗清水煮沸。

④ 在汤中倒入拌好的面絮，充分煮软烂，淋上蛋黄液稍煮即可。

黄鱼丝烩玉米

材料准备： 黄鱼100克，玉米粒50克，鸡蛋黄1个，植物油5毫升，淀粉5克。

精心制作：

❶ 玉米粒用搅拌机打成玉米浆备用。

❷ 黄鱼去皮、去刺，切成鱼肉丝，洗干净后沥干水分。

❸ 鸡蛋黄打散，与淀粉一起和鱼肉丝混合抓拌均匀，腌制5分钟。

❹ 炒锅中的油烧至五成热，放入腌好的鱼肉丝滑炒至熟盛出。

❺ 将玉米浆放入小汤锅内。

❻ 大火煮沸玉米浆，放入滑炒好的鱼肉丝，再次煮沸即可。

贴心叮咛

挑选黄鱼时妈妈注意观察：优质黄鱼体表呈金黄色，有光泽，鳞片完整，眼球饱满突出。

南瓜布丁

材料准备：鸡蛋黄1个，小南瓜1/3个，配方奶50毫升。

精心制作：

❶ 把南瓜洗净后切块，入蒸锅蒸熟。

❷ 鸡蛋黄打散备用。

❸ 蒸好后的南瓜去掉南瓜瓤，取出南瓜肉，用勺子把南瓜压成泥。

❹ 将南瓜泥和鸡蛋液混合在一起，加入泡好的配方奶。

❺ 将混合物放入蒸锅中隔水蒸8～12分钟即可。

♥ 贴 心 叮 咛

　　南瓜的颜色加上配方奶的香味，宝宝会很爱这道辅食。
提醒妈妈：在制作时加入的配方奶应是温的，太热会把鸡蛋黄冲散。

三文鱼土豆蛋饼

材料准备： 三文鱼 50 克，土豆 1/2 个，鸡蛋黄 1 个。

精心制作：

❶ 三文鱼洗净、切块；土豆去皮、洗净后切块。

❷ 把三文鱼块和土豆块放入蒸锅，隔水蒸熟。

❸ 蒸熟的三文鱼和土豆混合捏碎。

❹ 加入蛋黄搅拌均匀。

❺ 取适量混合好的食材，团成小饼。

❻ 制好的小饼放入平底锅中。

❼ 将小饼煎至两面金黄即可。

❤ 贴 心 叮 咛

怎么选择三文鱼：妈妈用手指轻轻地按压三文鱼，如果鱼肉不紧实，压下去不能马上恢复原状的三文鱼，就是不新鲜的。买回来的三文鱼切成小块，用保鲜膜封好，再放入冰箱，如果在 - 20 摄氏度条件下速冻可以保存一段时间。

双色薯糕

材料准备：紫薯、红薯各50克。

精心制作：

❶ 红薯和紫薯去掉外皮，在清水中洗净，切成小块状。

❷ 将红薯和紫薯放入蒸锅中蒸熟。

❸ 用勺背将蒸熟的红薯块和紫薯块分别压成泥状，再分别团成薯饼。

❹ 用饼干模具在薯饼上刻出可爱的造型即可。

❤ 贴 心 叮 咛

妈妈也可以用芋头或土豆制作点心，颜色搭配好看还可以引起宝宝的兴趣哦！如果没有模具也可以将其揉成小圆形、三角形等好做的造型。

洋葱碎肉饼

材料准备：猪肉馅 20 克，面粉 50 克，洋葱 10 克，植物油适量。

精心制作：

❶ 准备好猪肉馅。

❷ 将洋葱去皮，在清水中洗净，切成洋葱末。

❸ 将猪肉馅、洋葱末、面粉加水后拌成糊状。

❹ 在平底锅或饼铛中倒入适量植物油，烧热，将一大勺面糊倒入锅内，慢慢转动，制成小饼，双面煎熟即可。

❤ 贴心叮咛

妈妈不必担心宝宝吃洋葱会不合适，其实宝宝是可以吃洋葱的。洋葱的维生素含量高，对婴幼儿身体发育有好处，但一次不宜食用过多。洋葱属于辛辣刺激性食物，妈妈一定要先用凉水泡一会儿，没有刺鼻的味道才能给宝宝食用。

彩虹软饭

材料准备：圣女果 2 个，胡萝卜 20 克，牛油果 20 克，紫甘蓝 1 片，软饭 20 克，黄彩椒 30 克，蓝莓 5 颗。

精心制作：

❶ 圣女果、胡萝卜、黄彩椒、蓝莓洗净后，分别切成小粒，备用。

❷ 牛油果去皮、切成小粒，紫甘蓝煮熟后切成小粒。

❸ 将圣女果、胡萝卜、黄彩椒在盘中摆成彩虹的弧形，然后上蒸锅蒸 2 分钟。

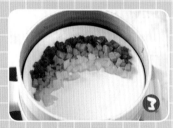

❹ 待食材出锅后依次摆放牛油果碎粒、软饭、蓝莓碎粒、熟紫甘蓝碎粒即可。

 贴 心 叮 咛

妈妈可以根据自己宝宝的喜好搭配不同颜色的蔬菜，像黄瓜、西葫芦、豌豆、苹果等都可以选择，但要选宝宝食用后没有异常反应的蔬菜。宝宝会很想自己用手抓着吃或自己试着用勺子吃，妈妈不要阻止他们哦，小手洗干净，戴好围嘴就好啦！

茄子三文鱼软饭

材料准备：茄子1/2根，大米100克，三文鱼50克。

精心制作：

❶ 将大米在清水中浸泡30分钟后淘洗干净，加1.5倍的水放入电饭锅中，煮成软米饭。

❷ 茄子洗净、去皮后切碎丁，三文鱼洗净写成小丁。

❸ 将茄子丁、三文鱼丁放入碗中，再放入蒸锅蒸熟。

❹ 将蒸熟的茄子丁、三文鱼丁放入软米饭中，搅拌均匀即可食用。

蛋皮鱼肉卷

材料准备： 鸡蛋黄1个，净鱼肉60克，植物油适量。

精心制作：

1. 净鱼肉在清水中洗净，沥干水分，然后将鱼肉剁成鱼泥。

2. 鱼泥放入蒸锅中，隔水将其蒸熟。

3. 鸡蛋黄打散成蛋黄液。

4. 小火将平底锅烧热，涂一层薄薄的植物油，倒入蛋黄液摊成蛋饼，熟时熄火，把蒸熟的鱼泥平摊在蛋饼上，卷成蛋卷，出锅后切小段装盘即可。

贴心叮咛

净鱼肉是指处理完的鱼肉，去鳞、去皮、去刺等。制作这道辅食需要的油很少，只要在平底锅内薄薄抹一层油即可。这道辅食在吃的时候搭配主食即可。

奶香鲜虾豆苗羹

材料准备：鲜虾泥、豌豆苗各 50 克，配方奶、水淀粉各适量。

精心制作：

1 豌豆苗择洗干净。

2 将豌豆苗焯水后捞出。

3 将豌豆苗切成碎末。

4 将虾泥、豌豆苗末放同一只碗中拌匀。

5 小汤锅中倒入配方奶，再加入虾泥、豌豆苗，用大火煮至熟，最后用水淀粉勾芡即可。

❤ 贴 心 叮 咛

加入了配方奶的这道菜有种奶香味，加上虾泥的味道，这道辅食宝宝会很喜欢吃的。妈妈要挑取豌豆苗细嫩的部分切碎给宝宝吃。剩下的蔬菜也不要浪费哦，大人们可以炒着吃。

混合饭团

材料准备： 米饭 60 克，黄瓜、胡萝卜各 20 克，鱼肉 15 克，紫菜 1/4 张，芝麻油、芝麻各少量。

精心制作：

1. 用盐搓掉黄瓜表皮的刺后，切成 7 毫米大小的丁，胡萝卜去皮，切成同样大小的丁，最后把胡萝卜丁、黄瓜丁放入锅中炒熟。

2. 鱼肉用水浸泡 10 分钟后去水，炒干后捣碎，紫菜烤干后弄碎。

3. 米饭里加入上述食材及芝麻油、芝麻，充分搅拌后捏成适当的大小，做成饭团即可。

贴心叮咛

　　戴上卫生手套后捏饭团，不易粘手。

西蓝花鸡肉沙拉

材料准备：鸡肉30克，西蓝花1朵，熟鸡蛋黄1个，原味酸奶1杯。

精心制作：

❶ 将鸡肉、西蓝花分别洗净，切成小块。

❷ 将鸡肉和西蓝花放入锅中煮熟、捞出后切碎，鸡蛋黄切碎。

❸ 将上述三种材料混在一起，加入原味酸奶拌匀即可。

贴 心 叮 咛

> 　　建议妈妈用原味酸奶调制沙拉，不要用沙拉酱。这款沙拉里还可以加入牛油果碎，味道更加好哦！鸡肉也可换成熟的三文鱼、虾肉等。每周给宝宝吃2～3次鸡肉即可，混合米粉、粥、面条等主食食用。

娃娃菜小虾丸

材料准备： 鲜虾 5 只，娃娃菜 2 片，淀粉 2 克。

精心制作：

❶ 将虾洗净，剥壳，去除沙线。

❷ 将虾剁碎成泥（保留一些颗粒感）。

❸ 把娃娃菜洗净，切碎。

❹ 将菜碎与虾泥混合，再加入 2 克淀粉和 2 毫升水。

❺ 将上述材料搅拌均匀。

❻ 将混合后的材料搓成小丸子，入蒸锅隔水蒸熟即可。

❤ 贴心叮咛

妈妈也可以将虾丸放入温水中煮熟，蒸和煮都可以制作这道菜。蔬菜也可以换成别的，但最好不要用芹菜等纤维比较粗的蔬菜，会影响口感，选用大叶片的菜比较好。这道菜做好后拌在软饭或面条中作为一顿辅食很合适。

蔬菜鸡蛋饼

材料准备： 鸡蛋黄1个，菜心、胡萝卜各10克，鲜香菇1/2朵，橄榄油少许。

精心制作：

❶ 菜心、胡萝卜、香菇洗净放入沸水中焯熟，均捞出沥干水分，切碎末。

❷ 鸡蛋黄打散后倒入焯熟的蔬菜碎末中，搅拌混合。

❸ 在锅中加入一点橄榄油，倒入蛋黄蔬菜液，摊成鸡蛋饼即可。

可将鲜香菇放盐水中浸泡一会，会更容易清洗。

番茄鸡蛋小饼

材料准备： 面粉50克，番茄1个，鸡蛋黄1个，植物油适量。

精心制作：

❶ 番茄在清水中洗净，去皮、蒂，切碎，鸡蛋黄搅打成蛋黄液。

❷ 在蛋黄液中加入适量水、面粉，搅拌均匀，再加入番茄碎，搅拌均匀成番茄蛋糊。

❸ 锅置火上，放少许植物油烧热，倒入搅好的番茄鸡蛋面糊，煎至两面呈金黄色即可。

贴心叮咛

番茄一定要记得去皮后使用。现在宝宝还是只能吃蛋黄哦！

奶香蒸糕

材料准备：全麦面包30克，牛奶100克，鸡蛋1个，植物油适量，白糖少许。

精心制作：

❶ 将鸡蛋打入碗内，搅拌均匀；全麦面包切丁，放到碗里。

❷ 将牛奶、白糖、鸡蛋都倒入碗内，与面包丁搅拌均匀。

❸ 取一个容器，涂满植物油后，将混合好的牛奶面包丁倒进去。

❹ 上锅蒸大约10分钟即可。

香菇肉糜饭

材料准备：香菇1只，瘦牛肉末、米饭各20克，紫菜少许，肉汤100毫升。

精心制作：

❶ 香菇洗净、切碎，紫菜撕成小片备用。

❷ 将肉汤烧开，放入牛肉末煮至八成熟，再放入米饭。

❸ 待米饭煮软后撒上香菇碎、紫菜碎，紫菜碎煮软后即可。

蔬果虾蓉饭

材料准备：番茄1个，香菇3个，胡萝卜1根，大虾50克，西芹少许，米饭1碗。

精心制作：

❶ 将香菇洗净，去蒂，切成小碎块；胡萝卜切粒；西芹切成末。

❷ 将番茄放入开水中烫一下，然后去皮，再切成小块；大虾煮熟后去皮，取虾仁剁成蓉。

❸ 锅置火上，放入香菇、胡萝卜、西芹末，加少量水煮熟，最后再加入虾蓉，一起煮熟，将此汤料淋在饭上拌匀即可。

奶香蒸糕

香菇肉糜饭

蔬果虾蓉饭

乌龙蔬菜面

材料准备：净鱼肉2片，乌龙面50克，圆白菜末、番茄块各少许。

精心制作：

1. 将鱼片放入小锅内焯熟。
2. 加入圆白菜末、番茄块、乌龙面，用小火仔细熬烂。
3. 将煮好的鱼片仔细去掉鱼刺倒入磨臼内，仔细磨烂，放入乌龙面内即可。

贴心叮咛

乌龙面较其他面条粗、圆、滑，而且口感细腻，非常适合小宝宝食用。

紫菜手卷

材料准备： 米饭 30 克，胡萝卜丝 10 克，芝麻、核桃粉少许，寿司专用紫菜 1/2 张。

精心制作：

1. 米饭煮熟后，用饭勺拨散放至温热。

2. 胡萝卜丝用水焯熟，紫菜均匀地分成数份。

3. 在紫菜上铺上一层米饭，放上芝麻、核桃粉和胡萝卜丝卷成小卷即可。

❤ 贴 心 叮 咛

　　给宝宝做的寿司米饭要温热，避免宝宝吃了过凉的食物拉肚子。寿司卷要卷得细一些，方便宝宝用小手取食。

白萝卜豆腐肉圆汤

材料准备： 白萝卜、肉馅、豆腐各50克，芝麻油适量。

精心制作：

❶ 白萝卜洗净后去皮，切成细细的丝。

❷ 豆腐切碎后和肉馅混合拌匀成豆腐肉馅。

❸ 将切好的白萝卜丝放小锅里，直接加凉水煮。

❹ 用手把豆腐圆子一个个均匀地挤好放在萝卜丝表面，调中火煮8分钟左右，滴2滴芝麻油，就可以出锅了。

❤ 贴 心 叮 咛

打底的白萝卜一定要用凉水煮，不然圆子容易散。妈妈们注意：豆腐一定要切得很碎，不然捏圆子的时候也容易散；肉馅要自己剁，不能用市场上售卖的馅。

番茄肉末蛋羹烩饭

材料准备：番茄1个，鸡蛋黄1个，猪肉50克，软米饭、高汤、植物油各适量。

精心制作：

❶ 番茄洗净后去皮、切碎，将猪肉剁成肉馅，鸡蛋黄打散成蛋液。

❷ 锅中放油，放入肉末、番茄炒香，加入高汤，倒入蛋液搅拌均匀。

❸ 将锅中食材浇在热腾腾的软饭上，拌匀即可。

❤ 贴心叮咛

熟番茄营养价值较生番茄高，因为加热的番茄中番茄红素和其他抗氧化剂明显增多，对有害的自由基有抑制作用。

果味点心

材料准备：苹果1个，香蕉1根，白砂糖、米粉、坚果粉各适量。

精心制作：

1. 将新鲜的苹果清洗干净，香蕉去皮，分别切成小块后放在搅拌机里打成水果泥。

2. 在做好的水果泥中放入适量米粉和白砂糖，搅匀成稠糊状。

3. 可以根据个人的喜好，将糊放入小碗中（或是模具中做成可爱造型的小团子），上锅蒸熟。

4. 如果宝宝喜欢吃坚果仁，可以在米糕的外面撒一些坚果粉。

银鳕鱼粥

材料准备：银鳕鱼 50 克，青豆 30 克，大米 60 克，鲜牛奶 50 毫升。

精心制作：

❶ 银鳕鱼洗净切丁，青豆捣碎备用。

❷ 锅内放适量的清水，放入大米和青豆同煮；水沸腾后放入银鳕鱼，转小火熬粥。

❸ 粥快成时放入鲜牛奶，再次沸腾后熄火即可。

清凉西瓜盅

材料准备：小西瓜1个，菠萝肉50克，苹果1个，雪梨1个，冰糖适量。

精心制作：

❶ 将菠萝肉切块；苹果、雪梨洗净，去皮、核，切块备用。

❷ 西瓜洗净，在离瓜蒂1/6的地方呈锯齿形削开。将西瓜肉取出，西瓜盅洗净备用。

❸ 锅内放水煮沸，放入冰糖煮化，再加入全部水果块略煮，放凉后倒入西瓜盅中。

金色红薯球

材料准备：红心红薯1/3个（100克左右），红豆沙30克，植物油200克（实耗30克左右）。

精心制作：

1 将红薯洗干净，削去皮，用清水煮熟，再用小勺捣成红薯泥。

2 取出1/4份红薯泥，用手捏成团后压扁，在中间放上一点豆沙，再像包包子一样合起来，搓成一个小球。

3 按上一步的办法把红薯泥装上豆沙，搓成一个个小红薯球。

4 锅内加入植物油，烧热，将火关到最小，将搓好的红薯球放进油锅里炸成金黄色。

5 捞出来晾凉，就可以给宝宝吃了。

第3部分
从辅食到家庭膳食
的转变

PART THREE

1～2岁：辅食添加完成时，初步适应家庭膳食

♥ 1～2岁宝宝的喂养原则

宝宝满1岁时，差不多已经尝试过了各种家庭日常食物。随着宝宝自我意识的增强和各种能力的提高，在这一阶段可鼓励宝宝自主进食，也就是要学会自己吃饭，并逐渐适应家庭的日常饮食。一般来说，满1岁的宝宝能用小勺舀起食物，但大多散落，宝宝18个月大时能吃到大约一半的食物，而到满2岁时能比较熟练地用小勺自喂，少有散落。

宝宝在满1岁后应与家人一起进餐，在继续提供辅食的同时，鼓励宝宝尝试家庭食物，并逐渐过渡到与家人一起进食家庭食物。添加辅食的最终目的是逐渐转变为成人的饮食模式，因此，应鼓励1～2岁宝宝尝试家庭食物，并在满2岁后与家人一起进餐。

❤ 1～2岁宝宝一日饮食量

1～2岁的宝宝仍应每天保持约 500 毫升的奶量，不能进行母乳喂养或母乳不足时，仍以合适的幼儿配方奶作为补充，也可引入少量鲜牛奶、酸奶和奶酪等奶制品，但只能作为宝宝辅食的一部分。每天应摄入 1 个鸡蛋加 50～75 克肉禽鱼，以保证优质蛋白和微量元素的供应；谷物类 50～100 克，如软饭、面条、馒头、强化铁的婴儿米粉等宜于进食及消化的食物；蔬菜、水果的量仍然以宝宝需要而定，继续尝试各种不同种类的蔬菜和水果，尝试啃咬水果片或煮熟的大块蔬菜，增加进食量。

❤ 1～2岁宝宝一日饮食安排

可以安排 1～2 岁宝宝与家人一起进食一日三餐，除此之外，可在早餐和午餐、午餐和晚餐之间，以及临睡前各安排一次点心。可大致可安排如下：

7:00	母乳和 / 或配方奶，加婴儿米粉或其他辅食，尝试家庭早餐
10:00	母乳和 / 或配方奶，加水果或其他点心
12:00	各种辅食，鼓励幼儿尝试成人的饭菜，鼓励幼儿自己进食
15:00	母乳和 / 或配方奶，加水果或其他点心
18:00	各种辅食，鼓励幼儿尝试成人的饭菜，鼓励幼儿自己进食
21:00	母乳和 / 或配方奶

❤ 适合 1 ~ 2 岁宝宝的家庭食物

虽然这个阶段的宝宝可以部分进食家庭食物了，但并不是所有的家庭食物都适合，如经过腌、熏、卤制，重油、甜腻，以及辛辣刺激的高盐、高糖、刺激性的重口味食物均不适合宝宝。适合宝宝的家庭食物应该是少盐、少糖、少刺激的淡口味食物，并且最好是家庭自制的食物。淡口味食物可减少糖和盐的摄入，降低儿童期和成人期肥胖、高血压等的风险。

❤ 避免宝宝挑食偏食

挑食、偏食是常见的不良饮食习惯，而 1 ~ 2 岁宝宝正处于培养良好饮食行为和习惯的关键阶段，此时培养宝宝良好的饮食习惯，可谓事半功倍。

此时的宝宝是一张空白的纸，家长良好的饮食行为对宝宝具有重要影响。因此，家长应以身作则、言传身教，并与宝宝一起进食，起到良好榜样作用，帮助孩子从小养成不挑食不偏食的良好习惯。在这个过程中，为了孩子着想，家长也可主动纠正自己以往的不良饮食习惯。

要引导其多选择健康食物，对于一些垃圾食品，首先不要把它摆在餐桌上，其次，明确告知哪些食品是垃圾食品，给宝宝留下印象。

现实生活中，健康食品占大多数，家长应鼓励宝宝选择多种食物，家长不要对不同食物表现出偏好，不要把这个好吃，那个不好吃等话挂在口头上，以免误导宝宝。

对于宝宝不喜欢吃的食物，可通过变更烹调方法、改变造型或盛放容器（如将蔬菜切碎，将瘦肉剁碎，将多种食物制作成包子或饺子等），也可采用重复小分量供应，鼓励尝试并及时给予表扬，不可强迫喂食。此外，家长还应避免以食物作为奖励或惩罚的措施。

香菇虾皮小笼包

材料准备： 肉馅 100 克，鲜香菇 5 朵，北豆腐 30 克，新鲜虾皮、紫菜各 10 克，鸡蛋 1 个，面粉 100 克，酵母适量，姜末、盐、橄榄油各少许。

精心制作：

❶ 用温水把虾皮与紫菜洗净泡软切碎。香菇、北豆腐洗净切块，入沸水中焯一下捞出沥干再切碎。鸡蛋打散，入油锅炒成蛋饼盛出切碎。

❷ 酵母用温水化开，与面粉和匀成柔软的面团，盖上湿布饧发 15 分钟。

❸ 将虾皮、紫菜、炒鸡蛋、香菇、豆腐、肉馅搅拌上劲，加适量盐、姜末调味制成馅料。

❹ 面饧好后揉成长条，切成小剂子擀成面皮，包入馅料做成小包子，入沸水锅隔水蒸 10 分钟即可。

 制作小窍门

　　蒸包子的时间也要根据包子的大小、馅料的多少适当调整。

蛋包饭

材料准备： 米饭1小碗，鸡蛋2个，鸡胸肉1小块，豌豆、玉米粒、葱、番茄酱各适量，盐、白胡椒粉各少许。

精心制作：

❶ 鸡胸肉洗净后切小丁，加一点点盐和白胡椒粉腌10分钟；再将鸡蛋加少许盐打散成蛋液。

❷ 炒锅里加油烧热，爆香葱花，加入鸡肉丁翻炒至变色；加入玉米粒和豌豆粒翻炒一会，倒入米饭，加少许的盐翻炒均匀后盛出备用。

❸ 另取一个平底锅，倒入一大匙油，倒入蛋液摊成蛋皮，在蛋液即将凝固时，在蛋皮一侧放上炒好的米饭；将蛋液对折用锅铲压紧收口处就可以装盘了，吃的时候可以淋上少许番茄酱。

❤ 制 作 小 窍 门

煎蛋皮的时候，如果鸡蛋液的量不够，那么煎出来的蛋皮会很薄不太好包饭，如果担心蛋皮不够坚韧，可以在蛋液中加少许淀粉再烹饪。

豆沙锅饼

材料准备：面粉 100 克，红豆沙适量。

精心制作：

❶ 用适量开水用画圈的方式倒入面粉中，并用筷子不停地搅拌成絮状，再加适量冷水，用手轻揉成软硬适中的面团，盖上保鲜膜，饧 20 分钟。

❷ 将饧好的面团分成数等份，用擀面杖擀成圆形的面片。在面片的中间均匀地抹上红豆沙，然后上下左右对折成长方形（或将豆沙包入面片，按压成圆饼）。

❸ 平底锅放油，将面饼放入锅中煎至两面金黄。

猕猴桃蛋饼

材料准备： 鸡蛋1个，牛奶50毫升，猕猴桃1/2个，酸奶1/2杯，盐少许，植物油适量。

精心制作：

❶ 鸡蛋磕入碗中，搅成蛋液，加入牛奶和盐搅匀。

❷ 猕猴桃去皮，切成小块放入碗中，加入酸奶拌匀。

❸ 平底锅置火上，放油烧热，倒入蛋液，煎成饼，将鸡蛋饼折三折成长条状。

❹ 将鸡蛋饼摆入盘中，把拌好的猕猴桃放在上面即可。

豆腐鸡蛋饼

材料准备： 豆腐20克，鸡蛋1个，番茄50克，柿子椒20克，盐、植物油各少许。

精心制作：

❶ 将豆腐挤去水分并捣碎，放盐调味。

❷ 鸡蛋打入碗中加适量盐搅匀。

❸ 番茄和柿子椒切成小碎粒。

❹ 将鸡蛋糊倒入放油的煎锅煎成蛋饼，半熟时将其余材料放在上面。

银鱼蛋饼

材料准备： 新鲜小银鱼90克，鸡蛋2个，牛奶50毫升，面粉70克，小葱1根，盐、番茄沙司、植物油各适量。

精心制作：

❶ 小银鱼洗净，沥水，切碎；小葱切碎；鸡蛋充分打散。

❷ 蛋液倒入牛奶搅打均匀，倒入面粉，彻底拌匀，放入切碎的小葱和银鱼调成面糊。

❸ 不粘锅烧热，淋入油抹匀，倒入调好的面糊摊开。

❹ 改小火，盖上锅盖，煎至两面均匀上色呈金黄色，取出切件，搭配番茄沙司上桌即可。

猕猴桃蛋饼

银鱼蛋饼

口蘑鸡蛋饼

孜然馒头丁

材料准备： 大馒头1个，鸡蛋1个，葱花、孜然粉、白芝麻、盐、白砂糖各适量，食用油少许。

精心制作：

❶ 馒头切成丁状，将鸡蛋打散后倒入馒头丁中，拌匀后，静置15分钟。

❷ 炒锅中放入少许食用油，将馒头丁放入，小火煎至两面金黄。

❸ 加入孜然粉，调入适量盐，翻炒均匀。加入白芝麻，炒匀，再加少许白砂糖提味。

❹ 最后撒入葱花，略炒片刻即可。

蛋黄花卷

材料准备： 面粉 150 克，酵母 2 克，熟蛋黄 2 个，糖少许。

精心制作：

1. 酵母用温水化开，加入面粉、水和成柔软的面团，盖上湿布放在温暖处饧 15 分钟。

2. 将熟蛋黄研磨成细末，和糖一起加入面团内揉匀，再饧 5 分钟。

3. 将面团搓成条，揪成 4 个小剂子。

4. 每个小剂子搓成细长条，卷成蚊香状。

5. 用筷子将面圈夹成 4 个大小相同的圆形，在每个圆形中心切一刀，使之"盛放"。

6. 蒸锅水烧沸，将花卷上笼，蒸 10 分钟即可。

双色蔬菜鸡蛋羹

材料准备： 油菜 50 克，胡萝卜 15 克，鸡蛋 1 个，高汤适量，芝麻油适量，盐适量。

精心制作：

① 油菜取嫩叶片洗净、切碎备用；胡萝卜洗净后削去皮、切大块备用。

② 胡萝卜块加入沸水中焯透。

③ 捞出胡萝卜放凉后切成碎丁。

④ 鸡蛋打散，加入高汤和油菜碎，用盐调味；

⑤ 将混匀的蛋液放入锅中蒸熟后取出；

⑥ 将备好的胡萝卜丁放于鸡蛋羹上，淋入少许芝麻油即可。

贴心叮咛

　　蔬菜蒸蛋对于选什么蔬菜制作，要求并不高，两种颜色不一样的蔬菜就可以，如彩椒、圆白菜、紫甘蓝等都可以选择。

鸡蓉玉米拌面

材料准备：鸡胸肉 25 克，儿童挂面 60 克，玉米粒 10 克，黄瓜丝 10 克，番茄丝 30 克，黄彩椒丝 10 克，酱油 2 克，植物油适量。

精心制作：

❶ 鸡胸肉先放在冷水中浸泡 1 ~ 2 小时，然后放在锅中煮熟，再把煮好的鸡胸肉用手撕成细丝；玉米粒剁成碎末。

❷ 锅中倒入少许油，待油六成热时，把玉米粒、黄瓜丝、番茄丝和黄彩椒丝一同放入锅中，翻炒均匀后，倒入酱油调味。

❸ 将儿童挂面在开水中煮至软烂后捞出，然后与撕好的鸡胸肉或鸡肉碎，以及炒好的蔬菜拌匀即可。

蔬菜米饭饼

材料准备：米饭60克，虾仁、胡萝卜各20克，洋葱10克，鸡蛋1个，青甜椒5克，糯米粉1大勺，植物油适量。

精心制作：

❶ 虾仁洗净后捣碎；胡萝卜和洋葱去皮后捣碎；青甜椒去籽后切碎。

❷ 鸡蛋打入碗中，充分搅拌，然后把米饭、糯米粉拌匀。

❸ 继续加虾仁、胡萝卜碎、洋葱碎、青甜椒碎入碗中充分搅拌。

❹ 锅中放入植物油，将拌好的材料用勺放入大小一致的量，煎至两面焦黄即可。

- -

南瓜红薯玉米糊

材料准备：红薯20克，南瓜30克，玉米面50克，红糖少许。

精心制作：

❶ 将红薯、南瓜去皮，洗净，剁成碎末，或放到榨汁机里打成糊（需要少加一点儿凉开水）。

❷ 玉米面用适量的冷水调成稀糊。

❸ 锅置火上，加适量清水，烧开，放入红薯和南瓜煮5分钟左右，倒入玉米糊，煮至黏稠。

❹ 加入红糖调味，搅拌均匀即可。

- -

鸡肉粥

材料准备：鸡胸脯肉15克，米饭30克，海带清汤1/2杯（50毫升），菠菜15克，酱油、白糖适量。

精心制作：

❶ 将鸡胸脯肉去筋，切成小块，用酱油和白糖腌一下。

❷ 将菠菜焯熟并切碎。

❸ 米饭用海带清汤煮一下，放入鸡肉煮熟，再放入菠菜碎拌匀即可。

蔬菜米饭饼

南瓜红薯玉米糊

鸡肉粥

五彩拌面

材料准备：细挂面 50 克，番茄 1 个，肉馅、西蓝花各 20 克，胡萝卜碎、玉米粒各 10 克，植物油、葱姜末、盐各适量。

精心制作：

❶ 番茄洗净烫去外皮切小丁；西蓝花洗净掰成小朵，与胡萝卜、玉米粒放入沸水中焯一下，捞出沥干。

❷ 挂面放入沸水中煮熟，捞出过凉开水沥干备用。

❸ 煮面的同时将炒锅烧热放油，爆香葱姜末，放肉馅炒熟、炒散，下番茄丁翻炒出酱汁，放入西蓝花、胡萝卜、玉米煮熟，放盐调味。

❹ 将酱料浇在挂面上拌匀即可。

茄丁打卤面

材料准备：面条100克，茄子1/2个，瘦肉20克，盐、鸡精少许，植物油、芝麻油各适量。

精心制作：

❶ 将茄子洗净切丁，瘦肉洗净切末。

❷ 起锅烧水，水沸后放入面条煮熟，捞出过凉开水后放在碗中。

❸ 起锅热油，放入肉末炒香，加入茄子丁炒熟，加入盐、鸡精调味。

❹ 将炒好的肉末茄丁放在煮熟的面条上，淋上芝麻油即成。

肉蛋豆腐粥

材料准备：粳米 30 克，瘦猪肉 25 克，豆腐 15 克，鸡蛋半个（约 20 克），盐 2 克。

精心制作：

❶ 将瘦猪肉剁成泥，豆腐研碎，鸡蛋去壳，只取一半蛋液搅散。

❷ 将粳米洗净，加适量清水，文火煮至八分熟时下猪肉泥，煮至粥成肉熟。

❸ 将豆腐碎、蛋液倒入肉粥中，旺火煮至蛋熟后，调入盐即可。

香蕉麦片粥

材料准备：香蕉 3 根，麦片 50 克，葡萄干 20 克，牛奶 250 毫升，蜂蜜适量。

精心制作：

❶ 香蕉剥皮后切片，麦片清洗后稍浸泡。

❷ 将所有的材料放入锅中，煮的过程中注意搅拌。

❸ 煮熟后调入蜂蜜即可食用。

肉末虾皮菜粥

材料准备：大米 30 克，猪瘦肉 10 克，虾皮、白菜、冬菇、油、葱花、精盐各适量。

精心制作：

❶ 大米洗净，猪瘦肉、虾皮、白菜切碎，冬菇泡水后洗净切碎。

❷ 锅中热少许油，放入葱花爆香后，倒入肉末、冬菇、虾皮、白菜炒匀后盛出。

❸ 将大米放入砂锅中，倒入适量清水，大火煮沸后转小火煮至粥稠，再加入煸炒好的材料，
   稍煮片刻后，放精盐调味即可。

肉蛋豆腐粥

香蕉麦片粥

肉末虾仁菜粥

南瓜面疙瘩

材料准备：南瓜100克，面粉80克，葱、蒜各少许，植物油、生抽、盐各适量，芝麻油少许。

精心制作：

❶ 南瓜洗净后切片，葱和蒜切成薄片。

❷ 炒锅放油烧热，将葱、蒜放入炒香。放入南瓜片，炒约3分钟。倒入足量的清水，煮至沸腾。

❸ 在等锅中水烧至沸腾的时候，调一份面粉糊。面粉加清水，边加水边搅拌，成浓稠的糊状。

❹ 锅中水沸腾后，用筷子将面粉糊挑进锅中，同时用铲子略加搅拌以免糊锅。调入生抽、盐，出锅前撒上葱花，入芝麻油调味即可。

番茄饭卷

材料准备：软米饭200克，番茄40克，奶酪20克，鸡蛋1个，葱末、盐各少许，植物油适量。

精心制作：

1. 将番茄去皮后切成碎丁；奶酪擦成细丝；鸡蛋打散成蛋液备用。

2. 平底锅上放入油，油热后倒入蛋液，均匀摇晃锅身做成薄蛋饼。

3. 炒锅中放入少许油，油热后爆香葱末，再放入米饭和番茄碎继续翻炒两分钟，撒上奶酪丝，用盐调味后出锅。

4. 把炒好的米饭放在蛋饼上，卷成蛋卷后切开即可。

鸡蛋糕饭

材料准备：米饭 40 克，洋葱 5 克，青、红甜椒各 5 克，鸡蛋 1 个，盐、芝麻各少许。

精心制作：

1 洋葱去皮捣碎，红甜椒与青甜椒去籽后捣碎。

2 搅拌碗里打入鸡蛋与米饭、洋葱、青甜椒、红甜椒粒、清水充分搅拌后用盐调味。

3 将碗放蒸锅里蒸 5 分钟后撒入芝麻即可。

贴心叮咛

这道点心含丰富的蛋白质，同时也是能量来源。

黑木耳番茄香粥

材料准备：大米 30 克，黑木耳、火腿各 5 克，鸡蛋 1 个，番茄 10 克，盐 1 克。

精心制作：

❶ 大米放在水里浸泡 1 小时；黑木耳提前用温水浸泡 1 小时，完全泡发后去蒂冲洗干净，切成细丝。

❷ 火腿切丁；番茄洗净去皮后切成小丁。

❸ 砂锅中倒入大米和水，大火煮开后改成小火，加入番茄熬煮 20 分钟，然后倒入黑木耳丝、火腿丁继续熬煮 10 分钟。

❹ 最后把鸡蛋打散后倒入锅中稍加搅拌，待蛋液凝固后调入少许盐。

鱼香杂锦粥

材料准备：鲫鱼 1 条，玉米糁 30 克，大米 15 克，小番茄 2 个，姜 1 片，油少许。

精心制作：

❶ 鲫鱼剖洗干净，用厨房纸吸去鱼身上多余的水分。热锅放油将鲫鱼两面略煎出黄色，加清水、姜片大火烧开煮出奶白色浓汤。

❷ 将鱼汤滤出，加入淘洗干净的大米、玉米糁煮成 6 分稠的粥。

❸ 小番茄烫去外皮切小块，放入粥中煮熟即可。

猪血菜肉粥

材料准备：米粉 30 克，猪血 20 克，瘦猪肉 20 克，油菜叶 5 克，盐微量。

精心制作：

❶ 瘦猪肉洗净，用刀剁成极细的蓉；猪血洗净，切成碎末备用；油菜洗干净，放入开水锅里焯烫一下，捞出来剁成碎末。

❷ 将米粉用温开水调成糊状，倒入肉末、猪血、油菜末搅拌均匀。

❸ 把所有材料一起倒入锅里，再加入少量的清水，边煮边搅拌，用大火煮 10 分钟左右，加入少许的盐调味，即可。

银耳红薯糖水

材料准备：银耳 15 克，红薯 20 克，冰糖适量。

精心制作：

❶ 银耳提前一晚用温水发开，洗净，择成小朵；红薯洗净、去皮，切成小丁。

❷ 锅中放入适量清水，放入泡好的银耳，水沸腾后转小火继续熬煮 30 分钟。

❸ 倒入切好的红薯丁，继续熬煮 30 分钟，出锅前适量放入少许冰糖即可。

鱼肉杂锦粥

猪血菜肉粥

银耳红薯糖水

肉末蒸冬瓜

材料准备： 冬瓜 40 克，肉馅 10 克，香菜、蒜末、芝麻油、盐各少许。

精心制作：

1 冬瓜洗净后去皮，切成 1 厘米厚的小块。

2 肉末中加入少许蒜末和盐腌渍 5 分钟。

3 在盘中摆好冬瓜，将腌好的肉末铺在冬瓜上，放在蒸锅里，用中火蒸 12 分钟。

4 出锅前 1 ~ 2 分钟把切好的香菜撒在菜上，出锅后滴上数滴芝麻油即可。

菠菜鸡丝

材料准备：菠菜 80 克，鸡胸肉 30 克，熟芝麻适量，枸杞适量，盐 1 大匙，白砂糖、芝麻油各 1 克。

精心制作：

❶ 把洗好的菠菜放入沸水中焯一下，再过一遍冷水，然后捞出沥干水分，切成几段备用。

❷ 将鸡胸肉和泡好的枸杞放入蒸锅蒸 15 分钟后取出，再将熟的鸡胸肉用手撕成细丝，和菠菜、枸杞一起放入盘中。

❸ 加入少许糖、盐和芝麻油调味，再撒入少许熟芝麻，搅拌均匀即可。

银耳豆腐

材料准备： 银耳 30 克，豆腐 50 克，香菜 10 克，盐、鸡精、高汤、水淀粉各适量。

精心制作：

❶ 将银耳泡发后洗净，放入沸水中煮熟，捞出晾凉后，沥干水分撕成小片，均匀地放在盘内。

❷ 将豆腐洗净，切成 1 厘米见方的小块，放入沸水中煮熟，捞出过凉后，沥干水分压成泥状，加入盐、鸡精搅成糊。

❸ 将香菜去黄叶，去根洗净，切成末。

❹ 将调好的豆腐泥均匀地放在盛有银耳的盘内，上面撒上香菜末。

❺ 锅中放入适量高汤，烧开后加入盐、鸡精，用水淀粉勾芡，浇在银耳、豆腐上。

多彩茭白

材料准备：茭白 20 克，胡萝卜、青豆、猪里脊肉各 10 克，姜丝、淀粉各少许，高汤 1 大匙，生抽 1 小匙，盐 1 克，油 5 毫升。

精心制作：

❶ 茭白和胡萝卜洗净、去皮，切成细丝；猪里脊肉洗净切成细丝，加入盐、生抽和淀粉一起腌制 5 分钟；青豆放热水中煮熟，稍加碾碎。

❷ 在高汤中掺入少许淀粉制作成水淀粉。

❸ 炒锅中放入油加热，爆香姜丝后放入腌制好的里脊肉翻炒至熟。锅中留底油，倒入茭白、胡萝卜、青豆翻炒 1 分钟，勾芡后出锅。

鸡丝凉瓜

材料准备：苦瓜100克，鸡胸肉50克，姜末、淀粉、橄榄油各少许，盐微量。

精心制作：

❶ 将苦瓜洗净从中间剖开，剔出瓜瓤后切细条，入沸水中焯一下，捞出沥干水分。

❷ 鸡胸肉洗净切丝，用盐、淀粉拌匀腌一会儿。

❸ 热锅放油，爆香姜末，下鸡肉滑炒变色，放入苦瓜翻炒至食材熟透，加盐调味即可。

芹菜豆腐干

材料准备：芹菜100克，豆腐干50克，葱、姜各少许，黄豆芽汤、盐、酱油、水淀粉各适量。

精心制作：

❶ 芹菜择去叶，洗净，切成小段；豆腐干切成薄片。

❷ 芹菜、豆腐干放入沸水锅中焯烫透，捞出，沥干水。

❸ 锅置火上，放油烧热，放入葱、姜炝锅，加入酱油，放入豆腐干、芹菜煸炒几下，再加入盐、黄豆芽汤略煨一下后，用水淀粉勾芡即可。

苹果薯团

材料准备：红薯60克，苹果60克，蜂蜜少许。

精心制作：

❶ 将红薯洗净，去皮，切碎煮软。

❷ 把苹果去皮去核后切碎，煮软，与红薯均匀混合。

❸ 加入少许蜂蜜拌匀即可喂食。

鸡丝凉仌

芹菜豆腐干

莊果蜜团

蜜烧红薯

材料准备： 红薯100克，红枣5颗，蜂蜜5克，冰糖20克，植物油适量。

精心制作：

❶ 将红薯洗净，削去皮，削成鸽蛋大小的丸子；红枣用温水泡发，洗净去核，切成碎末。

❷ 锅内加入植物油烧热，放入红薯丸子炸熟，捞出来控干油。

❸ 另起锅加清水，大火烧开，加入冰糖熬化，下入过油的红薯，小火煮至汤汁浓稠。

❹ 加入蜂蜜，撒入红枣末，搅拌均匀，再煮5分钟即可。

四色炒蛋

材料准备： 鸡蛋1个，青椒5克，黑木耳20克，植物油、葱、姜、盐、水淀粉各少许。

精心制作：

❶ 将鸡蛋的蛋清和蛋黄分别放入两个碗中（用滤网过滤出蛋清），并分别加入少许盐搅打均匀。

❷ 青椒和木耳洗净，切成菱形块。

❸ 锅置火上，放油烧热，分别放入蛋清和蛋黄煸炒，盛出。

❹ 再起油锅，放入葱、姜爆香，放入青椒和黑木耳，炒到快熟时，加入少许盐，再放入炒好的蛋清和蛋黄，用水淀粉勾芡即可。

山药大米粥

材料准备： 鸡蛋1个，山药50克，大米100克，红枣5颗，白糖适量。

精心制作：

① 将山药、大米洗净，山药切片；红枣洗净、去核；鸡蛋打破去蛋清留蛋黄置碗内，搅散。

② 将水和红枣入锅，待大火将水烧开后再加大米、山药，改小火熬粥至熟，起锅前再将蛋黄和白糖加入并搅匀，煮沸即可。

什锦水果羹

材料准备： 香蕉小半根（约30克），苹果小半个（约30克），草莓3个（约15克），桃子半个（约20克），糖桂花（市售）少许，水淀粉少量。

精心制作：

① 用刀将各种水果切成小丁。

② 锅内放入适量清水，用旺火烧沸后，加入切好的水果丁。

③ 锅烧沸后，用水淀粉勾芡，再撒入糖桂花。

清蒸三文鱼

材料准备： 三文鱼100克，青甜椒10克，葱、姜各适量，料酒、番茄酱、盐各少许。

精心制作：

① 将三文鱼去骨，切块，用刀剞十字花刀，花刀的深度为鱼肉的2/3。

② 青甜椒洗净，切丝。

③ 将三文鱼放入锅中，加入青甜椒、葱、姜、料酒、盐和适量水，清蒸至熟透。

④ 端出淋上番茄酱即可。

山药大米粥

什锦水果羹

清淡三小食

四喜丸子

材料准备：猪肉馅100克，鸡蛋1个，高汤、水淀粉各1小匙，葱末、姜末、盐、芝麻油各少许。

精心制作：

1 将肉馅放入盆内，加入适量的鸡蛋、葱末、姜末、盐、芝麻油、清水，用手搅至上劲。

2 待有黏性时，把肉馅挤成15个丸子待用。

3 将鸡蛋、水淀粉调成较稠的蛋粉糊；将丸子放入小碗内，浇点高汤，加入盐、葱末、姜末，调好味，上笼蒸15分钟即成。

肉豆腐丸子

材料准备：肉馅150克，豆腐50克，青菜20克，鸡蛋1个，姜末少许，盐、淀粉、芝麻油各适量。

精心制作：

❶ 将搓碎的豆腐和肉馅，以及姜末、盐、鸡蛋、酱油、淀粉，加少许水搅成泥状。

❷ 青菜择洗干净，切成细丝。

❸ 将豆腐肉泥挤成1.5厘米大小的丸子，摆入盘内。

❹ 锅置火上，加适量清水，烧沸，放入丸子，再放入蔬菜丝和盐，最后淋入芝麻油即可。

五彩蛋卷

材料准备：鱼肉、鸡蛋、土豆各25克，白萝卜50克，胡萝卜、绿豆芽各5克，葱末、生粉各10克，油5克，精盐、水淀粉适量。

精心制作：

1. 土豆煮熟去皮搅烂，鱼肉剁烂加上葱末、生粉、精盐拌匀，鸡蛋磕入碗中，搅拌均匀。

2. 煎锅放少许油，将蛋液倒入煎成蛋皮，注意不要煎焦，保持蛋色，把蛋皮贴锅的一面向上平放装盘。

3. 蛋皮上铺上肉末，卷起，蒸熟，然后切成片打上芡汁；把胡萝卜、白萝卜切成丝和绿豆芽一起用旺火炒熟后铺平在碟子上，放上已切好的蛋卷即可。

鸡肉蛋卷

材料准备：鸡蛋1个，鸡脯肉30克，娃娃菜20克，食用油适量，盐适量。

精心制作：

❶ 将鸡脯肉在清水中洗净并去掉筋膜，娃娃菜洗净，将二者切成碎末。

❷ 锅内倒入少许植物油，油热后，把鸡肉末和菜末放入锅内炒，并放入少许盐，炒熟后倒出。

❸ 将鸡蛋调匀，平底锅内放少许油，将鸡蛋倒入摊成圆片状，待鸡蛋半熟时，将炒好的鸡肉末和菜末放在鸡蛋片内。

❹ 将鸡蛋片卷成长条，切成小段即可。

贴心叮咛

作为馅料的肉，妈妈也可以自己变换，比如羊肉＋西葫芦、牛肉＋胡萝卜、猪肉＋芹菜都是非常健康、美味的馅料哦！宝宝可以吃全蛋了，妈妈在制作时不用去除蛋清啦！

珍珠汤

材料准备: 面粉40克,鸡蛋1个,虾仁10克,菠菜20克,高汤200克,芝麻油适量,盐适量。

精心制作:

❶ 将鸡蛋磕破,取鸡蛋清与面粉和成稍硬的面团,揉匀后,擀成薄皮,切成小丁,再搓成小球。

❷ 虾仁洗净。

❸ 菠菜择洗干净,用开水烫一下。

❹ 将虾仁切成小丁,菠菜切末。

❺ 将高汤放入小汤锅内,放入虾仁丁。

❻ 水烧开后加入面疙瘩,煮熟。

❼ 淋入鸡蛋黄液,加菠菜末,淋入芝麻油,放盐适量,盛在小碗内,即可。

❤ 贴心叮咛

妈妈注意面疙瘩一定要小一点,有利于煮熟和宝宝的消化吸收。搭配的蔬菜也可以换成番茄或其他绿色蔬菜。也可以用肉末和鱼肉制作这道菜。

粉丝白菜汆丸子

材料准备：肉末150克，大白菜100克，粉丝1小把，虾米1小匙，葱1根，高汤3碗，盐、姜末、淀粉各适量，芝麻油少许。

精心制作：

❶ 将虾米洗净切碎；肉末再剁细，加入姜末、盐、淀粉、虾米，成馅料，用手挤成丸子备用。

❷ 将大白菜、葱洗净、切丝；粉丝泡软切成两段。

❸ 起锅热油，待油七成热时，下白菜，将其炒软，加入高汤旺火煮开。

❹ 放入肉丸，改小火煮至肉丸浮起，加入粉丝并加盐调味后熄火，撒葱丝、淋芝麻油即成。

黄鱼羹

材料准备：黄鱼1条，白蘑菇2只，嫩豆腐80克，香菜碎10克，蛋清1个，水淀粉15克，盐5克，芝麻油5克。

精心制作：

❶ 黄鱼去鳞、内脏和鱼鳃，清洗干净，从鱼尾起沿脊骨分别片成两片鱼肉片，再切成0.5厘米见方的丁。

❷ 白蘑菇洗净后切成0.5厘米见方的丁。嫩豆腐也切成同样大小的丁。蛋清加入水淀粉在碗中打散。

❸ 煮锅中加入适量水，大火煮开，分别放入豆腐丁、白蘑菇丁和黄鱼肉丁焯煮1分钟捞出，沥去水分备用。煮锅中重新加入适量凉水，大火煮开后，放入焯煮过的鱼肉丁、白蘑菇丁和豆腐丁。

❹ 再次煮开后转小火，用汤勺将锅中的汤沿一个方向搅动，同时淋入蛋清和水淀粉的混合液，调入盐，再次用汤勺将锅中的汤沿一个方向搅动，出锅前撒入芝麻油即可。

金针菇豆腐汤

材料准备：金针菇 100 克，豆腐 50 克，植物油葱花、酱油、盐、芝麻油、醋各适量。

精心制作：

❶ 将豆腐洗净，切成小块；金针菇洗净，去根，对切两半；锅中水开后倒入豆腐汆烫，捞出。

❷ 锅置火上，放油烧热，放入豆腐，用大火炖至表皮出现小洞，然后加水，放入金针菇，加点酱油、盐、几滴醋用小火炖 15 分钟。

❸ 淋入芝麻油，撒入葱花即可。

桂圆菠萝汤

材料准备：菠萝 100 克，桂圆肉 50 克，红枣 5 颗，盐少许。

精心制作：

❶ 菠萝肉切成小块，放入淡盐水中浸泡 10 分钟；红枣洗净，去核。

❷ 桂圆肉、菠萝块、红枣放入锅内，加入适量清水。

❸ 用旺火煮沸后转用微火煮 10 分钟即可。

萝卜香菇豆苗汤

材料准备：白萝卜 50 克，发好香菇 5 克，豌豆苗 10 克，精盐、黄豆芽汤各适量。

精心制作：

❶ 将白萝卜削去皮冲洗干净后切成细丝，下开水锅内煮至八成熟时捞出放入大碗内。

❷ 豌豆苗择洗干净下开水锅稍焯捞出。

❸ 锅烧热倒入黄豆芽汤，加入精盐，烧开后撇净浮沫，下入白萝卜丝、香菇丝，继续烧开撒上豌豆苗起匀即成。

金针菇豆腐汤

桂圆菠萝汤

萝卜香菇豆腐汤

萝卜丝炖汤

材料准备： 胡萝卜1个，骨头汤（或肉汤）1汤匙，鸡蛋2个，盐、芝麻油、虾皮适量。

精心制作：

❶ 胡萝卜切丝，放入锅内，加骨头汤或者肉汤（以盖过萝卜丝为好），大火烧开转小火焖。

❷ 将鸡蛋打入碗中，搅散。

❸ 待萝卜丝焖烂时用筷子轻轻挑起使鸡蛋液钻入萝卜丝中，不要搅动，盖上锅盖焖3分钟（此时要注意用小火，否则鸡蛋容易结底）后加入盐，起锅后滴几滴芝麻油，还可以在汤中加入虾皮。

水炒蛋三文治

材料准备: 方面包4片,鸡蛋1个,花生酱、奶油各适量。

精心制作:

1. 鸡蛋打入碗中,放少许盐。

2. 取1片面包片,依次抹上花生酱和奶油。

3. 热锅放2匙水烧开,倒入鸡蛋液慢火炒熟,摊成薄片或小块鸡蛋。

4. 将炒后的鸡蛋铲起放在面包片上,然后盖上另1片面包片。

5. 重复上述步骤,直至用尽4片面包。

6. 切去面包的四边,在对切成两个三角形的三文治,即可。

💝 制作小窍门

1. 用水炒蛋不油腻,还比用油炒更香浓。

2. 炒时锅铲铲动得快,不太粘锅底,否则,会有少许粘锅。

奶酪南瓜羹

材料准备：南瓜 40 克，奶酪 10 克，牛奶 20 毫升，干果碎 5 克。

精心制作：

❶ 1. 南瓜去皮，去子，切成薄薄的小块，放在蒸锅中用大火隔水蒸 10 分钟。

❷ 取出南瓜放凉，然后用勺子碾成泥。

❸ 锅中放入奶酪加热，待其熔化后倒入南瓜泥炒匀，最后倒入牛奶。

❹ 待汤汁浓稠时关火，盛出后撒上些干果碎搅拌均匀即可。

- -

鲜奶鱼丁

材料准备：净青鱼肉 150 克，蛋清 1 个，植物油、盐、白糖各少许，葱姜水、牛奶及水淀粉各适量。

精心制作：

❶ 1. 将净鱼肉洗净制成鱼蓉后，放入适量葱姜水、盐、蛋清及水淀粉，搅拌均匀。

❷ 上劲后，放入盘中上笼蒸熟，使之成鱼糕，取出后切成丁状。

❸ 锅置火上，放入少许植物油，烧熟后将油倒出，再加少许清水及牛奶。

❹ 烧开后加少许盐、白糖，然后放入鱼丁，烧开后用水淀粉勾芡，淋少许熟精制油即可。

- -

鱼泥豆腐羹

材料准备：鱼肉 50 克，豆腐 1 小块（约 50 克），葱、姜各适量，盐、淀粉、芝麻油各少许。

精心制作：

❶ 将鱼肉洗净，加入少许盐、姜，入蒸锅蒸熟后去骨刺，捣成鱼泥。

❷ 锅置火上，放入适量清水，加入少许盐，煮开后，放入切成小块的嫩豆腐，煮沸后加入鱼泥。

❸ 加入少许淀粉、芝麻油、葱花，勾芡成糊状即可。

银耳红薯糖水

什锦水果羹

燕麦
三文鱼

2~3岁：养成饮食好习惯，像大人那样吃饭

❤ 合理安排 2~3 岁宝宝的膳食

2~3 岁宝宝可以像大人一样吃饭了，因此每天应安排早、中、晚三次正餐。在此基础上，还应至少安排两次加餐，一般上午、下午各一次。如果晚餐时间比较早，可在睡前 2 小时再安排一次加餐。加餐份量宜少，以免影响正餐的进食量，并以奶类、水果为主，配以少量松软面点。晚间加餐不宜安排甜食，以预防龋齿。

❤ 2~3 岁宝宝各类食物每天建议摄入量（克/天）

谷类	75~125	鸡蛋	50
蔬菜	100~200	奶类	350~500
水果	100~200	食用油	10~20
肉禽鱼	50~75	食盐	<2

—— 摘自《中国妇幼人群膳食指南 2016》

❤ 培养和巩固宝宝的饮奶习惯

钙对宝宝的生长发育起着至关重要的作用，而奶及奶制品中钙含量丰富且吸收率高，可谓是宝宝钙的最佳来源。建议宝宝每天饮用 400 ~ 500 毫升，最好每天 500 毫升奶量或相当量奶制品，这样就可保证宝宝钙摄入量达到适宜水平。

要让宝宝养成每天饮奶的习惯，父母要让宝宝了解饮奶的重要性，并应以身作则常饮奶（毕竟，成人每天也要饮奶），鼓励和督促孩子每天饮奶。

若宝宝饮奶后出现腹胀、腹泻、腹痛等胃肠不适，这可能与乳糖不耐受有关（如果一直坚持吃奶的话，不会出现乳糖不耐受的情况）。但这并不意味着宝宝就不能饮奶了，可采取以下三种方法加以解决：①少量多次饮奶或吃酸奶；②避免空腹饮奶，饮奶前进食一定量主食；③改吃无乳糖奶或饮奶时加用乳糖酶。

❤ 引导宝宝规律就餐、专注进食

此年龄段的宝宝易受外界环境影响，从而注意力不易集中，当宝宝进食时，看电视、做游戏、玩玩具等这些事情都会降低宝宝对食物的关注度，从而影响进食。父母可精心制作：

为宝宝提供固定的就餐座位，进餐定时定量，童趣的餐具。

避免追着喂、边吃边玩、边吃边看电视等情况，最好在 20 分钟内完成进食。

每次盛饭不要多，吃完饭给予表扬，让孩子感到吃饭是件快乐的事情。

让宝宝自己使用筷子、勺子进食，养成自主进餐的习惯，既可增加宝宝进食兴趣，又可培养其自信心和独立能力。

进餐时喂养者与婴幼儿应有充分的交流，不以食物作为奖励或惩罚。

父母应保持自身良好的进食习惯，成为婴幼儿的榜样。

❤ 培养宝宝养成喝白开水的习惯

已经添加辅食的宝宝可以尝试喂水了，对于 7 ~ 12 个月龄的宝宝可以开始训练双手使用杯子喝水，可以使用吸管杯，熟练后可以使用鸭嘴杯，为 1 岁后断掉奶瓶喂养做好准备。其喂水量顺其自然，不强迫喂水。

1 ~ 2 岁宝宝新陈代谢旺盛，活动多，水分需要大。建议饮水以白开水为主，每天 600 毫升，上下午各 2 ~ 3 次，避免喝含糖饮料及果汁。1 岁内小婴儿不能饮用果汁；1 ~ 3 岁以下的幼儿，每日的果汁摄入量不超过 120 毫升；不宜在进餐前大量饮水，以免胃部充盈，冲淡胃酸，影响食欲和消化。

父母应以身作则，自己养成良好的饮水习惯，并告知宝宝多喝含糖饮料对健康的危害。家里要常备凉白开水，提醒孩子定时饮用。家中不购买可乐、果汁饮料，避免将含糖饮料作为零食提供给宝宝。由于含糖饮料对宝宝诱惑很多，许多宝宝易形成对含糖饮料的嗜爱，需要给予正确引导。

家庭自制的豆浆、果汁等天然饮品可适当选择，但饮后需及时漱口，以保持口腔卫生。

❤ 关于添加辅食过敏问题

建议满 6 个月添加辅食，不早于 4 个月，过早或者延迟添加反而容易增加过敏的风险。

不回避易过敏的食物，早期添加可能更容易诱发耐受。

对一种食物过敏可增加对其他食物过敏的概率。

疑对食物过敏，可以采取皮肤划痕或者点刺实验，特异性 IgE 检测。强阳性可以暂缓添加，阴性或弱阳性及时添加。

没有强致敏指征的易过敏的食物，不应该盲目回避。

♥ 正确为宝宝选择零食

对于 2 岁以上的宝宝来说，零食是宝宝饮食中的重要内容，如果食用不当，会对宝宝的正常饮食造成影响。因此，零食应尽可能与加餐相结合，以不影响正餐为宜。零食选择时，应注意如下几方面：

1.选择新鲜、天然、易消化的食物，如奶制品、水果、蔬类、坚果和豆类食物。

2.少选油炸食品和膨化食品。

3.安排在两次正餐之间，量不宜多，睡觉前 30 分钟不要吃零食。

4.要注意吃零食前要洗手，吃完漱口。

5.注意食用安全，要避免整粒的豆类、坚果类食物呛入气管发生意外，建议坚果和豆类食物磨成粉或打成糊食用。

6.对年龄较大的宝宝，可引导其认识食品营养标签，学会辨识食品营养生产日期和保质期。

推荐零食	限制零食
新鲜水果、蔬菜	果脯、果汁、果干、水果罐头
乳制品（液态奶、酸奶、奶酪等）	乳饮料、冷冻甜品类食物（冰淇淋、雪糕等）、奶油、含糖饮料（碳酸饮料、果味饮料等）
馒头、面包	膨化食品（薯片、爆米花、虾条等）、油炸食品（油条、麻花、油炸土豆等）、含人造奶油甜点
鲜肉鱼制品	咸鱼、香肠、腊肉、鱼肉罐头等
鸡蛋（煮鸡蛋、蒸蛋羹）	烧烤类食品
豆制品（豆腐干、豆浆）	
坚果类（磨碎食用）	高盐坚果、糖浸坚果

猪肉韭菜饼

材料准备： 面粉200克，韭菜250克，虾皮10克，粉丝80克，猪肉馅200克，生抽、盐、热水各适量，植物油、芝麻油、鸡精各少许。

精心制作：

❶ 将面粉加入热水和成面团，盖上湿的屉布饧半个小时。

❷ 韭菜洗净沥干水后切末，粉丝加水泡软后切碎，虾皮剁碎。

❸ 把韭菜、粉丝、虾皮和肉馅拌在一起，加盐、芝麻油、生抽和鸡精，搅拌均匀成馅料。

❹ 把饧好的面团揉成长条的面棍，然后分成大小相等的剂子，再将剂子擀成圆皮。

❺ 取一个面皮，包入适量馅料，像捏包子那样把边捏在一起。

❻ 将有褶的一面向下放在案板上，用手压成扁圆形。

❼ 平底锅里倒入少许油，烧至五成热，把包好的韭菜盒子放进去，小火慢慢地把两面都煎成金黄色。依次将包好的小饼都煎熟即可。

❤ 制作小窍门

1. 猪肉韭菜馅是最传统的做法，还可根据个人口味，调制成其他的馅料。

2. 煎的时候要使用小火，才能保证里面的馅都熟了，大火会造成皮熟馅不熟的情况。

鳕鱼菜饼

材料准备：鳕鱼 200 克，奶油生菜 150 克，鸡蛋 2 个，油 10 克，盐少许。

精心制作：

❶ 奶油生菜清洗干净，沥去水分，切成碎末。鸡蛋煮熟后，取蛋黄压成泥。

❷ 鳕鱼清洗干净，切成厚片，撒上盐腌 5 分钟，摆入烤盘。

❸ 烤箱预热 180℃，将烤盘放入烤箱中，上下火烘烤 15 分钟。

❹ 中火烧热炒锅中的油，放入生菜末、蛋黄泥，翻炒均匀。

❺ 将炒好的蛋黄泥盖在烤好的鳕鱼片上即可。

奶香土豆煎饼

材料准备：土豆2个，鸡蛋1个，香葱花15克，牛奶80毫升，白砂糖5克，盐1克，糯米粉50克，油15毫升。

精心制作：

1 土豆洗净，放入蒸锅中大火隔水蒸至熟透，待凉后剥皮，用汤匙背压成泥。

2 鸡蛋在碗中打散后加入牛奶、白砂糖、盐和糯米粉用筷子沿同一方向搅拌，之后加入压好的土豆泥，混合揉成一个大的土豆泥团。将大的土豆泥团分成同等大小的数个小土豆泥团，并揉成团状。

3 中火加热平底锅中的油至七成热，将团好的土豆泥团放入锅中（每一个和另一个之间要间隔出一定的距离），然后用铲子轻轻压扁，在上面撒上一些香葱花。

4 煎大约2分钟，至底部稍硬后翻至有葱花的一面，继续煎约2分钟。

菜丁肉末饼

材料准备：胡萝卜1/3根，猪肉馅20克，香芹15克，鸡蛋1个，面粉100克，盐、姜末各少许，油适量。

精心制作：

❶ 胡萝卜洗净、去皮，切成1厘米的小丁；香芹洗净，切成1厘米的小丁备用；肉末中加入少许姜末和盐，腌制5分钟。

❷ 将热锅中放油，待油温六成热时倒入肉末翻炒至变色，然后倒入胡萝卜丁，最后倒入芹菜丁翻炒至熟透，然后盛出备用。

❸ 在大碗中打入一个鸡蛋，加一小碗水，然后倒入面粉，搅拌均匀调成面糊后倒入一半炒熟了的原材料。

❹ 热锅中放少许油，倒入面糊，待面糊接近固体时将另一半材料均匀地撒在面饼上，翻一次面后直接出锅。

芝麻山药麦饼

材料准备：全麦面粉150克，燕麦片100克，黑芝麻粒15克，山药100克，精盐少许。

精心制作：

❶ 1. 山药去皮、切块捣成泥，加入黑芝麻粒、燕麦片、精盐，搅拌均匀。

❷ 加上全麦面粉和水充分揉合后，分成数个小面饼团。

❸ 在面饼表面薄薄抹上一层花生油，用电锅蒸熟即可。

- -

核桃果味发糕

材料准备：面粉100克，发酵粉3克，玉米粉15克，核桃碎、油各少许，桃汁、白砂糖各适量。

精心制作：

❶ 将面粉、发酵粉、玉米粉与适量的桃汁、白砂糖混合，搅拌成面糊。

❷ 在模具的内侧和底部薄薄涂一层油，把面糊倒入至模具的八分满，撒入核桃碎，用刮刀拌匀并刮平表面。

❸ 烤箱预热至200℃，把模具放入烤箱，上下火烤制20分钟即可。

- -

绿豆糕

材料准备：绿豆100克，蜂蜜5克，白糖50克，饴糖5克，芝麻油10毫升。

精心制作：

❶ 将绿豆除净杂质，用清水洗净，倒入锅里用小火熬煮，以未煮破皮为好。

❷ 绿豆煮熟出锅摊开晾凉至干，脱去豆皮，碾成绿豆粉。

❸ 将白糖掺入绿豆粉中，当中开成坑，倒入芝麻油、蜂蜜和饴糖搅拌均匀。

❹ 将拌好的绿豆粉填入糕模里，按实后削平，磕出后即为清凉爽口的绿豆糕。

芝麻山药麦饼

核桃果味发糕

绿豆糕

山药凉糕

材料准备： 山药 100 克，琼脂 5 克，蜜枣、樱桃、白糖各少许。

精心制作：

❶ 山药去皮、洗净，上屉蒸烂（蒸约 1 个小时左右），研成细泥；蜜枣切碎丁。

❷ 锅中加水煮沸，放入琼脂和白糖熬化，用洁白纱布过滤，倒回锅内，放入山药细泥与蜜枣粒。

❸ 再用火熬开，搅拌均匀，然后倒入盘中，冷却凝固，入冰箱镇凉。

❹ 食时取出，切成菱角块，放上樱桃摆盘。

腰果麻球

材料准备： 猪肉末 300 克，炸腰果碎 350 克，糯米粉 500 克，澄粉 150 克，花生酱 100 克，黄油 100 克，白糖 250 克，白芝麻适量。

精心制作：

❶ 将糯米粉加入黄油、温水和成面团；澄粉加沸水制成烫面团，揉匀，再加入和好的温水面团，揉匀，稍饧；花生酱用少许温开水调匀。

❷ 猪肉末加入腰果碎、白糖、花生酱，调匀成馅。

❸ 面团搓成长条，做成剂子，压扁，包入馅料，封口搓成圆球，裹上芝麻，下热油中炸至金黄色即可。

蘸着番茄酱吃的饺子

材料准备：无刺鱼肉、芹菜、面粉各150克，香菇5只，西红柿2只，盐适量。

精心制作：

❶ 无刺的鱼肉洗净剁碎后加盐调匀。香菇和芹菜洗净切末，与鱼肉混匀，用盐适当调味，制成馅料。

❷ 面粉加水和成面团，擀出饺子皮，加馅包成小饺子。

❸ 番茄入沸水烫去外皮后切丁，入油锅中翻炒成番茄酱。

❹ 锅中烧沸水，放入小饺子煮熟、煮软，捞出淋上番茄酱即可。

♥ 制作小窍门

1. 在制作鱼肉馅的时候，尽量选择无刺或少刺的鱼肉，而且在剁馅之前，还应该细细检查一次，看鱼肉中是否夹着细刺。

2. 工作繁忙的妈妈可以利用周末的时间做，而且做的时候不妨做出两三顿的，将多余的放入冰箱急冻后，按每顿的量分别装进保鲜袋中再冻好，在一周内将它们吃完即可。

炒面

材料准备：面条 100 克，鸡胸肉 20 克，油菜 1 棵，葱花、姜丝、盐、花生油各适量。

精心制作：

1️⃣ 油菜洗净，切成丝；将鸡胸肉洗净，切成细丝。

2️⃣ 面条用开水煮至八成熟，盛出放凉。

3️⃣ 将鸡丝用热油滑熟后盛出。

4️⃣ 另置炒锅内加油烧热，下入葱花、姜丝爆锅，再加入面条、鸡丝、油菜丝一同炒匀，加入盐调味即可。

番茄通心面

材料准备：通心面100克，番茄1个，豆腐50克，肉馅、青豆仁各1大匙，土豆半个，胡萝卜丁少许，番茄酱50克，糖1小匙，盐少许。

精心制作：

1. 通心面放入热水中烫熟备用，青豆仁煮熟备用。
2. 番茄、土豆分别洗净切小丁，豆腐切丁。
3. 起油锅，加入肉馅炒香后，加入番茄丁、土豆丁、胡萝卜丁以及少许水，焖至将熟，加入豆腐及糖和少许盐后熄火。
4. 将番茄酱、青豆仁淋在通心面上即可。

虾仁伊府面

材料准备：全蛋面100克，虾仁30克，冬菇、熟青豆、胡萝卜各10克，葱、姜末各少许，植物油、高汤、盐各适量。

精心制作：

① 将虾仁挑去沙线，清洗干净；冬菇、胡萝卜切片，然后焯水处理。

② 汤锅上火，加1/2清水，烧沸后下入全蛋面，煮3分钟，捞出备用。

③ 将炒锅上火烧热，倒植物油，放入葱、姜末炝锅；下入鲜汤，再下入虾仁、冬菇片、胡萝卜片和全蛋面，转小火，煨至汤汁浓稠。

④ 再下入盐和熟青豆调匀即可。

火腿豆焖饭

材料准备：米饭 1 碗，火腿、青蚕豆各 100 克，土豆 1 个，盐 1 克，油 15 毫升，鸡汤 30 毫升。

精心制作：

❶ 青蚕豆清洗干净；火腿切成 1 厘米见方的小丁；土豆去皮洗净，切成 1 厘米见方的小丁，用冷水浸泡 2 分钟，捞出沥去水分。

❷ 大火烧油至七成热，放入土豆丁，翻炒 3 分钟，至土豆六成熟，放入切好的火腿丁，翻炒 1 分钟，再放入青蚕豆，调入盐和鸡汤，翻炒均匀。

❸ 米饭倒入锅中，改小火，待菜的汤汁收干后用铲子将米饭与炒制的菜翻拌均匀即可。

蛋香煎米饼

材料准备：熟米饭100克，熟豌豆、熟玉米粒各20克，火腿30克，鸡蛋1个，盐、胡椒粉、油各适量。

精心制作：

❶ 火腿切丁，玉米粒、豌豆洗净，然后将米饭和玉米粒、豌豆、火腿丁混合。

❷ 倒入打散的鸡蛋液，并调入盐和胡椒粉拌匀。

❸ 平底锅烧热油，用勺子将米饭放入，略压成饼状，煎至两面焦黄。

❤ 制作小窍门

1. 配菜里的豌豆，先用开水焯至断生，或者用黄瓜代替豌豆，就可以直接拌进米饭里了。

2. 最好搭配一些新鲜的水果和蔬菜，以解煎米饼的油腻。

南瓜百合蒸饭

材料准备：小南瓜1个，大米150克，鲜百合75克，冰糖、白糖、枸杞子各适量。

精心制作：

❶ 鲜百合、大米、枸杞子分别洗净，大米加适量水蒸熟；冰糖、白糖加热水制成糖汁。

❷ 南瓜洗净，切开顶部，挖出瓜瓤，制成南瓜盅。

❸ 将蒸好的米饭、百合、枸杞子装入南瓜盅内，倒入溶化的糖汁，水量没过米饭约2厘米，加南瓜盖，上屉蒸30分钟即可。

洋葱焗饭

材料准备： 米饭 100 克，腊肠 20 克，马苏里拉奶酪 15 克，胡萝卜、青豆、洋葱各 10 克，黑胡椒碎、盐各适量。

精心制作：

1. 将洋葱去皮、洗净，切丝；腊肠切成薄片；青豆去皮；胡萝卜切丁；奶酪刨成细丝备用。

2. 把米饭放入烤碗中，将所有食材铺在表面，撒上少许盐和黑胡椒碎，最后铺上奶酪丝。

3. 烤箱预热至 200℃，将烤碗放入烤制 10 分钟，香喷喷的焗饭就出炉啦！

贴 心 叮 咛

焗饭成功的关键是原材料中不能含有很多水，所以一定要将所有食材沥干水分，并将烤碗擦干。

番茄土豆鸡肉粥

材料准备：香米50克，鸡胸肉30克，番茄40克，土豆25克，植物油、盐各少许。

精心制作：

❶ 香米洗净后用冷水泡2小时；鸡胸肉剁成末。

❷ 土豆洗净煮熟后去皮切成小丁；番茄洗净后用开水烫一下，去皮去蒂切成小丁。

❸ 炒锅加热后放入植物油，将鸡肉末倒入锅中煸熟后推向一侧，放入番茄丁煸炒至熟后，将两者混在一起。

❹ 将香米放入锅中加水煮，用旺火烧开后改用小火熬成粥，然后加入煸好的鸡肉末、番茄丁、土豆丁继续用小火熬5～10分钟，加入少许盐继续用小火煨至粥香外溢即可。

牛肉蔬菜燕麦粥

材料准备： 牛肉（瘦）50克，番茄20克，大米50克，快煮燕麦片30克，油菜1棵，盐少许。

精心制作：

① 将大米淘洗干净，先用冷水泡两个小时左右；燕麦片与半杯冷水混合，泡3个小时左右。

② 将牛肉洗干净，用刀剁成极细的蓉，或用料理机绞成肉泥，加入盐腌15分钟左右。

③ 将油菜洗干净，放入开水锅中焯烫一下，捞出来沥干水，切成碎末备用；番茄洗干净，用开水烫一下，去掉皮和子，切成碎末备用。

④ 锅内加水，加入泡好的大米、燕麦和牛肉，先煮30分钟，加入油菜和番茄，边煮边搅拌，再煮5分钟左右即可。

鱼松粥

材料准备： 鲈鱼1条（约500克），芦笋1根，大米80克，盐1克，植物油适量。

精心制作：

❶ 大米淘洗干净，放入锅中，加入适量水，熬煮成粥。芦笋削去根部老硬部分，放入滚水中汆汤1分钟，取出，沥去水分，切碎。

❷ 鲈鱼去鳞、去内脏，清洗干净，大火蒸10分钟至熟。

❸ 取出鲈鱼，去掉皮和骨头，留鱼肉待用。

❹ 小火烧热平底锅中的油至六成热，放入制好的鱼肉，翻炒10分钟，加入盐调味，即成鱼松。

❺ 将煮好的米粥盛入小碗内，加入炒好的鱼松和芦笋碎即可。

蔬菜瘦肉粥

材料准备：瘦猪肉 100 克，小白菜 80 克，西蓝花 50 克，海米 20 克，熟米饭 250 克，植物油、盐、生粉各适量。

❶ 瘦肉切丁，加适量料酒、盐、生粉，抓匀，腌制一夜。

❷ 小白菜洗净切碎，西蓝花洗净掰小朵，洋葱洗净切碎。

❸ 锅底放油烧热，下洋葱煸炒至透明。下肉丁炒至变色。加入海米炒匀，淋入料酒，炒掉酒味儿。倒入足量的水烧开。

❹ 撇掉浮油和沫，倒入米饭，烧开后转小火煮 15 ~ 20 分钟。

❺ 粥煮至米粒软烂，加入小白菜和西蓝花，调入剩下的盐，再煮 1 ~ 2 分钟即可。

胡萝卜碎肉粥

材料准备：熟米饭250克，胡萝卜80克，炖好的排骨2~3块，熟鹌鹑蛋6个，姜2片，盐、芝麻油、胡椒粉各适量。

精心制作：

❶ 锅中倒入米饭，加1000毫升水，大火烧开后转小火煮20分钟左右。

❷ 胡萝卜擦成丝，姜切很细的丝，排骨的肉撕成丝或切成肉碎。

❸ 米粥煮到变稠，倒入胡萝卜、姜丝和肉碎，调入盐，再煮5分钟至胡萝卜熟软。

❹ 最后调入芝麻油，喜欢胡椒粉的可以适当加点，搅匀，放入剥壳的鹌鹑蛋，闷热即可。

- -

皮蛋瘦肉粥

材料准备：瘦猪肉50克，松花蛋1个，大米30克，鲜汤、盐各适量。

精心制作：

❶ 将瘦猪肉洗净，放入锅中，用大火煮沸，再转用小火煮20分钟，撇去浮沫，捞出猪肉切成小丁。

❷ 松花蛋去壳，切成末。

❸ 大米淘洗干净，放入锅中，加入鲜汤和水用大火烧开后转小火熬煮成稀粥，粥稠后加入盐、猪肉丁和松花蛋末，稍煮即可。

- -

松仁玉米烙

材料准备：甜玉米100克，松仁50克，蛋清1个，炼乳、植物油、淀粉各适量。

精心制作：

❶ 将甜玉米粒放入开水锅中焯烫，捞出，沥干水。

❷ 将玉米粒、炼乳、蛋清、淀粉混合搅匀；松仁过油炸至微黄。

❸ 锅上涂一层油，置火上，均匀摊上玉米粒，撒上松仁，煎至底面微黄即可。

胡萝卜瘦肉粥

皮蛋瘦肉粥

松仁玉米糊

茄汁西蓝花虾仁烩

材料准备：虾仁6个，西蓝花1朵，番茄1个，植物油、盐各适量。

精心制作：

❶ 番茄洗净，去蒂、皮，切成小块，与洗净后的虾仁混合备用；

❷ 西蓝花洗净，在沸水中焯熟，而后切成小块；

❸ 锅里放油，放入番茄、虾仁炒至颜色发白；

❹ 锅中放入西蓝花，加盐调味，炒匀，炒至汤汁浓稠即可。

 贴 心 叮 咛

这道菜是一个百搭的浇头，妈妈可以浇在软米饭上或面条上给宝宝吃哦！妈妈在选购西蓝花时，以花球表面密集者为佳，要颜色翠绿的，不要发黄的。

蔬菜小杂炒

材料准备： 土豆 15 克，蘑菇 15 克，胡萝卜 15 克，水发黑木耳 15 克，山药 15 克，植物油适量，盐适量，芝麻油适量，水淀粉适量，骨头汤适量。

精心制作：

❶ 土豆、蘑菇、胡萝卜、水发黑木耳、山药均洗净后切成厚片；

❷ 油烧热后，锅内放入胡萝卜片、土豆片和山药片煸炒片刻；

❸ 锅内放入适量骨头汤，转小火焖 10 分钟；

❹ 锅内再加入蘑菇片和黑木耳片一同焖至熟烂，用水淀粉勾芡，加盐，淋芝麻油即可。

❤ 贴心叮咛

　　宝宝 2 岁了，接受的食材越来越多，妈妈可以做一些蔬菜烩之类的菜肴，用多种蔬菜搭配。宝宝的饮食要注重食物多样化，不能把单一食物吃很久，否则，日后很容易偏食、挑食。

橙香萝卜丝

材料准备：白萝卜 150 克，橙汁 50 毫升，白砂糖 5 克，盐 2 克。

精心制作：

❶ 白萝卜洗净，用刨丝器刨成细丝。

❷ 放入白砂糖、盐，拌匀后待用。

❸ 将橙汁淋在刨好的白萝卜丝上，拌匀即可。

- -

海米冬瓜

材料准备：冬瓜 100 克，海米 30 克，葱末、姜末、植物油、盐、水淀粉各适量。

精心制作：

❶ 将冬瓜去皮，去瓤、子，洗净，切成片，用盐腌制 10 分钟左右，沥干水；海米用温水泡软。

❷ 炒锅置火上，放植物油，烧至六成热，放入冬瓜片，炒至冬瓜皮色翠绿时，捞出控净油。

❸ 炒锅留底油，烧热，放入葱末、姜末爆香，加入半杯清水、料酒、盐和海米。

❹ 烧开后放入冬瓜片，用大火烧开，转用小火焖烧，至冬瓜熟透且入味后，加入水淀粉勾芡，炒匀即可。

- -

鸡汤炒芦笋

材料准备：芦笋 100 克，百合 20 克，枸杞 5 粒，姜 1 片，鸡汤半碗，水淀粉 1 大匙，盐半小匙，植物油适量。

精心制作：

❶ 1. 用清水将枸杞浸泡软后洗净备用；姜洗净切丝备用。芦笋削去粗皮洗净，切段。

❷ 锅内加入植物油烧热，放入姜丝爆香，再放入芦笋煸炒 1 分钟左右，倒入百合，马上调入盐翻炒几下即倒出装盘。

❸ 将锅置于火上，倒入鸡汤、枸杞，大火煮开后，调成小火，用水淀粉勾芡，最后将芡汁淋到芦笋、百合上即可。

糟香萝卜丝

海米冬瓜

鸡汤炒芦笋

黄瓜肉丝

材料准备：猪瘦肉300克，黄瓜1根，老抽5毫升，干淀粉5克，姜末、大蒜末各2克，盐3克，植物油适量。

精心制作：

❶ 猪瘦肉冲洗干净，沥去水分，切成3厘米长的肉丝，加入干淀粉抓拌均匀。黄瓜洗干净，切成细丝。

❷ 大火烧热炒锅中的植物油至七成热，迅速放入上过浆的肉丝滑炒，边滑炒边加入姜末、大蒜末、老抽和盐，至肉丝滑熟，盛出。

❸ 将滑炒好的肉丝和黄瓜丝一起拌匀即可。

苹果鱼汤

材料准备： 草鱼肉100克，苹果2个，猪瘦肉150克，大枣、生姜各10克，精盐少许，植物油、豆芽汤各适量。

精心制作：

❶ 苹果去皮、核后切块，草鱼肉去刺后切成片，大枣去核，猪瘦肉、生姜切片。

❷ 锅中热少许植物油，放入姜片爆香后转小火，放入鱼片煎至两面金黄。

❸ 烹入料酒，加入猪瘦肉片和大枣，再倒入豆芽汤，转中火炖至汤发白。加入苹果，调入精盐，继续炖20分钟即可出锅食用。

琥珀核桃肉

材料准备：核桃肉100克，白芝麻（炒香）两大匙（15克），植物油、白糖各适量。

精心制作：

❶ 锅置火上，放油烧热，放入核桃肉，炒至白色的核桃肉泛黄，捞出，控净油。

❷ 去掉锅内的油，倒入少量开水，放入白糖，搅至溶化，放入核桃肉不断翻炒。

❸ 炒至糖浆变成焦黄，全部裹在核桃上，再撒入芝麻，翻炒片刻即可。

三鲜豆腐

材料准备： 豆腐、蘑菇各 50 克，胡萝卜、油菜各 10 克，海米 5 克，姜末、葱丝各少许，植物油、鸡精、盐、水淀粉、高汤各适量。

精心制作：

❶ 将海米用温水泡发，洗干净泥沙备用；豆腐洗净切片，投入沸水中焯烫一下捞出，沥干水备用；蘑菇洗净，放到开水里焯烫一下，捞出切片。

❷ 胡萝卜洗净切片；油菜洗净，沥干水备用。

❸ 锅内加入植物油烧热，放入海米、葱、姜、胡萝卜煸炒出香味，加入盐、蘑菇，翻炒几下，加入高汤。

❹ 放入豆腐，烧开，加油菜、鸡精，烧开后用水淀粉勾芡即可。

蜂蜜汉堡

材料准备：熟鸡蛋1个，吐司面包2片，蜂蜜少许，猕猴桃30克。

精心制作：

❶ 将吐司硬边切掉，用模具压成若干片小圆面包片。

❷ 熟鸡蛋、猕猴桃分别去皮切片备用。

❸ 取1片面包，放上猕猴桃片、鸡蛋片，淋少许蜂蜜，再盖上一片面包即可。

虾仁镶豆腐

材料准备： 豆腐100克，虾仁50克，青豆仁10克，芝麻油1小匙。

精心制作：

❶ 豆腐洗净，切成方块，再挖去中间的部分。

❷ 虾仁洗净剁成泥状，填塞在豆腐挖空的部分中间，并在豆腐上面摆上几个青豆仁做装饰。

❸ 将做好的豆腐放入蒸锅蒸熟。

❹ 将芝麻油适量均匀淋在蒸好的豆腐上即可。

清蒸豆腐丸子

材料准备：豆腐50克，鸡蛋1个，胡萝卜1/2根，葱、芝麻油、盐各适量。

精心制作：

❶ 把豆腐压成豆腐泥，鸡蛋打到碗里，搅拌均匀。

❷ 胡萝卜洗净、去皮、切成末。

❸ 将蛋液混入豆腐泥，加胡萝卜末、葱末、盐、芝麻油拌匀。

❹ 将上述材料揉成豆腐丸子。

❺ 将丸子上锅蒸熟即可。

 贴 心 叮 咛

豆腐要选择韧豆腐或北豆腐制作；加蛋液时要把豆腐出的水倒掉。

蒜香薯丸

材料准备：红薯 250 克，生姜 1 小块，蒜 2 瓣，植物油、醋、盐各适量。

精心制作：

❶ 将红薯洗净去皮切成片，放入笼屉蒸熟取出。

❷ 把蒸熟的红薯捣碎，再加醋捣成泥。

❸ 蒜瓣、生姜切碎与盐一并放入薯泥中用力搅打均匀。

❹ 起锅热油，将薯泥捏成小圆粒逐个下锅炸至呈酱红色，倒入漏勺沥去油装盘即成。

淮山鸭子汤

材料准备：山药、鸭肉、枸杞、干百合、姜、大葱各适量。

精心制作：

❶ 鸭肉切块，开水烫一下，除去杂质；姜拍碎；葱切段；干百合洗净，温水泡发。

❷ 将鸭肉放入砂锅加适量清水和姜、葱一起大火煮开，转小火慢炖一个半小时左右。

❸ 山药切块放入鸭子汤内，再慢炖 30 分钟，放入枸杞、百合再煮 5 分钟即可。

木耳冬瓜汤

材料准备：冬瓜 500 克，木耳 25 克，海米、玉米粒各适量，植物油、盐、生姜、胡椒粉、水淀粉各少许。

精心制作：

❶ 冬瓜洗净切块，木耳泡发后撕小片，生姜切丝，海米泡发。将冬瓜、木耳、海米、姜丝放入烧热的油锅中煸炒。

❷ 另起锅倒入清水，大火煮沸。将冬瓜、木耳、海米、姜丝、玉米粒放入水中，大火煮沸后转小火继续煮，调入精盐、胡椒粉，最后用水淀粉勾芡即可。

蒜香藕丸

木耳冬瓜汤

淮山鸭子汤

鸡汤肉末白菜卷

材料准备： 肉末100克，香菇2朵，胡萝卜1/2根，圆白菜叶1/2片，鸡汤、盐、水淀粉各适量。

精心制作：

❶ 把圆白菜叶洗净，放沸水中煮软。

❷ 胡萝卜洗净、去皮、切碎，香菇洗净后也切碎。

❸ 肉末与胡萝卜碎、香菇碎混合后，加入少许盐，搅匀备用。

❹ 将菜肉混合物放在圆白菜叶中间做馅，再将圆白菜卷起。

❺ 将圆白菜卷上蒸锅蒸熟。

❻ 鸡汤在平底锅中煮开，水淀粉倒入鸡汤中勾成芡汁。

❼ 将芡汁浇到蒸熟的圆白菜卷上即可。

♥ 贴心叮咛

圆白菜叶烫软后，过一下冷水，可以保持菜叶色泽翠绿，做出来的圆白菜肉卷更加好看，令宝宝有食欲。

三丝炸春卷

材料准备：香菇、胡萝卜、瘦猪肉各50克，春卷皮50克，盐、植物油、鸡精、淀粉各适量。

精心制作：

❶ 将胡萝卜和香菇分别洗净切丝。

❷ 将瘦猪肉洗净切丝，加入植物油、盐、鸡精、淀粉拌匀，腌渍10分钟。

❸ 将香菇丝、胡萝卜丝、肉丝加调料拌匀，制成春卷馅。

❹ 取春卷皮，包入馅，制成条状，入油锅用温油炸至金黄色即可。

黄花菜黄豆排骨汤

材料准备：黄花菜 10 克，黄豆 20 克，排骨 50 克，红枣 2 颗，生姜 1 块，盐 1 小匙。

精心制作：

❶ 黄豆用清水泡软，清洗干净；黄花菜的头部用剪刀剪去，洗净打结。

❷ 生姜洗净切片；红枣洗净去核；排骨用清水洗净，放入滚水中烫去血水备用。

❸ 汤锅中倒入适量清水烧开，放入所有原材料。

❹ 以中小火煲 3 小时，起锅加盐调味即可。

图书在版编目（CIP）数据

宝宝辅食添加与营养配餐 / 新浪母婴研究院编著
. -- 成都：四川科学技术出版社，2020.5
ISBN 978-7-5364-9800-6

Ⅰ.①宝… Ⅱ.①新… Ⅲ.①婴幼儿—食谱 Ⅳ.
① TS972.162

中国版本图书馆 CIP 数据核字 (2020) 第 073851 号

....

宝宝辅食添加与营养配餐
BAOBAO FUSHITIANJIA YU YINGYANGPEICAN

出 品 人　钱丹凝
编 著 者　新浪母婴研究院
责 任 编 辑　梅　红
封 面 设 计　仙　境
责 任 出 版　欧晓春
出 版 发 行　四川科学技术出版社
　　　　　　地址　成都市槐树街 2 号　　邮政编码 610031
　　　　　　官方微博　http://weibo.com/sckjcbs
　　　　　　官方微信公众号 sckjcbs
　　　　　　传真　028-87734037
成 品 尺 寸　210mm×225mm
印 　 张　18
字 　 数　360 千
印 　 刷　雅迪云印（天津）科技有限公司
版次 / 印次　2020 年 6 月第 1 次　　2020 年 6 月第 1 次印刷
定 　 价　49.80 元

ISBN　978-7-5364-9800-6
本社发行部邮购组地址　成都市槐树街 2 号
电话　028-87734035　邮政编码　610031